职业教育“十三五”改革创新规划教材

焊工工艺与技能训练

沈根平　主编

清華大學出版社
北　京

内 容 简 介

本书依据教育部2014年颁布的《中等职业学校焊接技术应用专业教学标准》中“焊接基本技能实训”课程的“主要教学内容和要求”，并参照相关的国家职业技能标准编写而成。

本书主要内容包括走进焊接、焊接安全技术与防护、低碳钢气焊技能训练、低碳钢板气割技能训练、焊条电弧焊引弧技能训练、平敷焊技能训练、堆焊操作技能训练、平板对接双面焊接操作技能训练、平板对接单面焊双面成形操作技能训练、角焊缝焊接操作技能训练、二氧化碳气体保护焊基本操作技能训练和手工钨极氩弧焊基本操作技能训练。与本书配套研发了电子教案、多媒体课件、习题库、操作视频等网上教学资源，可免费获取。

本书可作为中等职业学校焊接技术应用专业和机械类相关专业学生的教材，也可作为岗位培训教材。

图书在版编目(CIP)数据

焊工工艺与技能训练/沈根平主编. --北京：清华大学出版社，2016(2024.8重印)
职业教育“十三五”改革创新规划教材
ISBN 978-7-302-42910-4

Ⅰ.①焊… Ⅱ.①沈… Ⅲ.①焊接工艺—职业教育—教材 Ⅳ.①TG44

中国版本图书馆CIP数据核字(2016)第030116号

责任编辑：刘翰鹏
封面设计：张京京
责任校对：刘 静
责任印制：刘海龙

出版发行：清华大学出版社
网 址：https://www.tup.com.cn，https://www.wqxuetang.com
地 址：北京清华大学学研大厦A座 **邮 编**：100084
社 总 机：010-83470000 **邮 购**：010-62786544
投稿与读者服务：010-62776969，c-service@tup.tsinghua.edu.cn
质量反馈：010-62772015，zhiliang@tup.tsinghua.edu.cn
课件下载：https://www.tup.com.cn，010-62770175-4278
印 装 者：涿州市般润文化传播有限公司
经 销：全国新华书店
开 本：185mm×260mm **印 张**：10.75 **字 数**：242千字
版 次：2016年5月第1版 **印 次**：2024年8月第4次印刷
定 价：29.00元

产品编号：067942-02

FOREWORD 前言

本书依据教育部2014年颁布的《中等职业学校焊接技术应用教学标准》中"焊接基本技能实训"课程的"主要教学内容和要求",并参照相关的国家职业技能标准编写而成。通过本书的学习,可以使学生掌握必备的金属材料、焊接材料与设备、焊接与气割加工的知识与技能。本书在编写过程中吸收企业技术人员参与,紧密结合工作岗位,与职业岗位对接;选取的案例贴近生活、贴近生产实际;将创新理念贯彻到教材内容选取、体例等方面。

本书配套有丰富的教学资源,主要有电子教案、多媒体课件、习题库、操作视频等,可免费获取。

本书在编写时努力贯彻教学改革的有关精神,严格依据教学标准的要求,努力体现以下特色。

1. 立足职业教育,突出实用性和指导性

(1) 教材内容严格依据教学标准的要求,定位科学、合理、准确,力求降低理论知识点的难度;正确处理好知识、能力和素质三者之间的关系,保证学生全面发展,适应培养高素质劳动者需要;以就业为导向,既突出学生职业技能的培养,又保证学生掌握必备的基本理论知识,使学生达到既具有操作技能,又懂得基本的操作原理知识。教材合理协调基础理论知识与基本技能之间的关系,尽量将不同的知识有机地连接起来,培养一专多能、复合型人才,体现学生的"柔性"发展需要,适应终身学习需求,为学生工作后进一步发展奠定必要的基本知识与基本技能基础。

(2) 教材内容立足体现为机械大类各专业培养目标服务,注重"通用性教学内容"与"特殊性教学内容"的协调配置,体现出焊接工艺教材对机械大类各不同专业既有"统一性"要求,又有选择上的"灵活性"或"差异性",尽量满足不同专业的培养目标需要。

(3) 教材内容通俗易懂,标准新、内容新、指导性强、趣味性强。尽可能多地介绍现场焊接加工方法,突出实践性和指导性,拉近现场与课堂教学的距离,丰富学生的感性认识。

2. 以学生为中心,创新编写体例

(1) 针对部分教学内容,在教材中设置具有直观性的实物图片、对比性表格及科普知识介绍等。将缺少活泼性的学习内容表现出通俗性、生动性、实用性和指导性等,以此激发学生对该课程的学习热情和学习兴趣,缩短理论与实际应用之间的差距,构建理论与应用之间的"桥梁和纽带",培养创新能力和自学能力。

(2) 设置类型多样的复习思考题(如选择题、填空题、判断题、简答题等),降低难度,突出针对性和实用性,立足加强学生对焊接知识点和基本技能的理解和掌握。改变单一的"考学生"的教学观念,树立如何引导、服务和帮助学生掌握知识的新理念。

3. 重视学生个性发展需要,渗透探索精神、创新意识、爱国教育

(1) 体现以人为本,面向学生个性发展需要,在部分项目中设置探索性思考题,创造相互交流、相互探讨的学习氛围,激发学生的学习兴趣,培养学生的分析能力和自学能力。

(2) 在课程学习和实践教学活动中注重渗透爱国主义教育、职业道德教育、环境保护教育、安全生产教育及创业教育。例如,举例说明中国在焊接方面的辉煌成就、焊接在不同领域的应用等,激发学生的爱国热情和敬业精神。

本书建议学时为56学时,具体学时分配见下表。

项目	建议学时	项目	建议学时	项目	建议学时
项目1	2	项目5	4	项目9	8
项目2	2	项目6	6	项目10	4
项目3	6	项目7	4	项目11	4
项目4	4	项目8	4	项目12	8
小　计	14	小　计	18	小　计	24
总　计	56				

本书由沈根平担任主编,参加编写工作的还有庄金鹤、朱达新等。

本书在编写过程中参考了大量的文献资料,在此向文献资料的作者致以诚挚的谢意。由于编写时间及编者水平有限,书中难免有错误和不妥之处,恳请广大读者批评指正。要了解更多教材信息,请关注微信订阅号:Coibook。

编　者

2016年3月

CONTENTS

目录

项目1

走进焊接

在现代生产生活中，金属材料是最常见的典型材料。大型船舶、工程机械、压力容器、航天器以及许多日常生活用品等，都是由金属材料制成的。这些金属制品在制造过程中，需要把加工好的零件按设计要求连接起来。通常连接零件的方法有两种：一是可拆卸连接，如螺栓连接、键连接等，不必损坏零件就可以拆卸，这类连接又称临时性连接，如图 1-1 所示；二是不可拆连接，如焊接、铆接等，必须损毁零件才能拆卸，因此又称为永久性连接，如图 1-2 所示。由于焊接技术的迅速发展，自 19 世纪以来，焊接已取代了铆接而成为永久性连接的主要工艺手段。

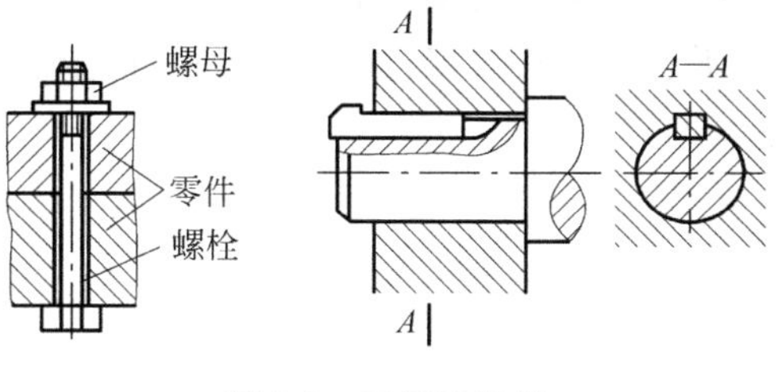

图 1-1　可拆卸连接

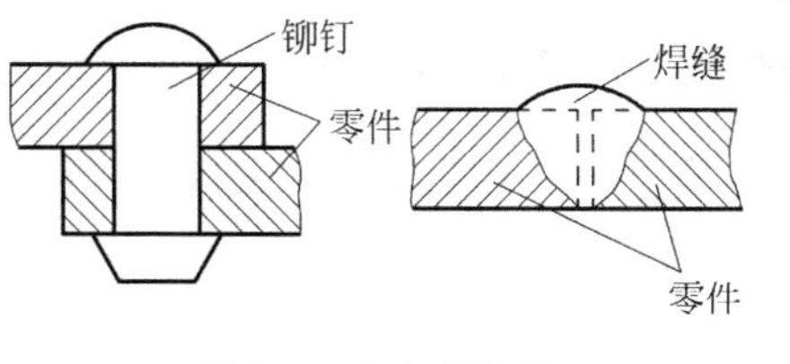

图 1-2　永久性连接

我国是全球最大的钢生产国和钢铁材料使用国，到 2014 年，我国的钢产量约 7.5 亿吨，首次超过了世界钢产量的一半。而作为重要的金属连接工艺——焊接，已经成为我国钢材加工的重要组成部分。据统计，约有 45％的钢材需要通过焊接成形，我国已成为世界焊接大国，对焊接技能人才的需求量越来越大，因此，焊接操作者的技术水平成为焊接工程质量的决定性因素。

学习目标

完成本项目学习后，你应当能：

1. 了解焊接在国民经济中的应用。

2. 掌握焊接的定义及其分类。
3. 掌握焊接的操作规程。

1.1 焊接及其分类

一、焊接的实质

焊接就是通过加热、加压，或两者并用，用或不用填充材料，使焊件达到原子结合的一种加工工艺方法。常见的焊接接头、焊接前及焊接后的情形如图 1-3 所示。

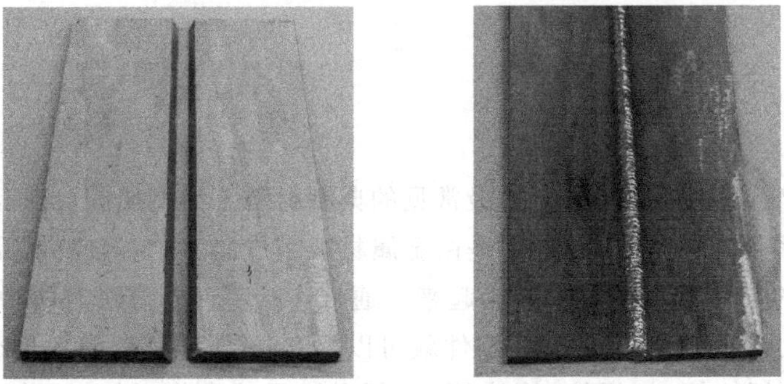

(a) 焊接前　　(b) 焊接后

图 1-3　焊接接头

焊接不仅可以使金属材料形成永久性连接，而且可以使某些非金属材料、金属和非金属材料之间达到永久性连接的目的，如图 1-4 所示的塑料焊接，如图 1-5 所示的金属和陶瓷焊接等。但在工业生产中应用最多的是金属的焊接。

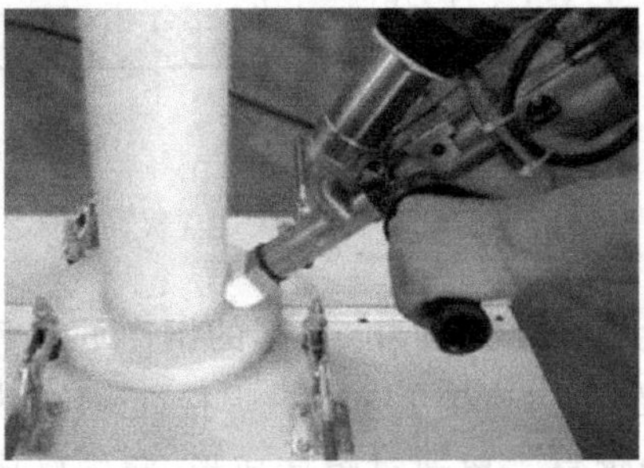

图 1-4　塑料焊接

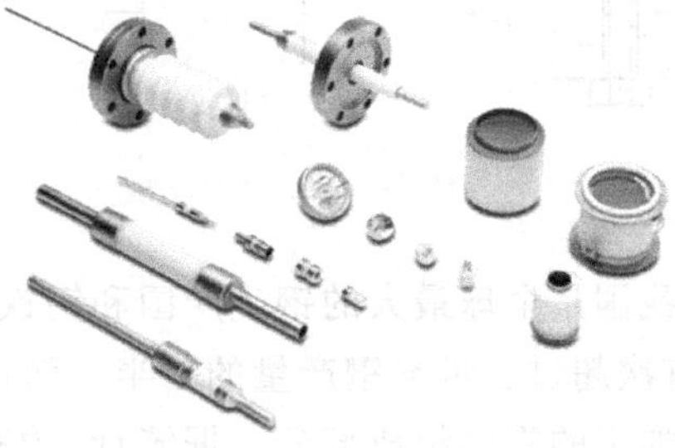

图 1-5　金属和陶瓷焊接

二、焊接方法的分类

按照金属在焊接时所处的状态及工艺特点，可以把焊接方法分为熔焊、压焊和钎焊三大类。

1. 熔焊

熔焊又称熔化焊，是在焊接过程中，将焊件接头加热至熔化状态，不加压力完成焊接的方法，如图 1-6 所示。在加热条件下，金属原子之间的动能增加，活动能力增强，可以促进原子间的相互扩散。当加热至熔化状态形成液态熔池时，原子间可以充分扩散和紧密接触，当冷却凝固后就可以形成牢固的焊接接头。熔焊是金属焊接中最主要的一种焊接方法，常见的手工电弧焊、气焊、埋弧焊、氩弧焊、二氧化碳气体保护焊、电渣焊等都属于熔焊。

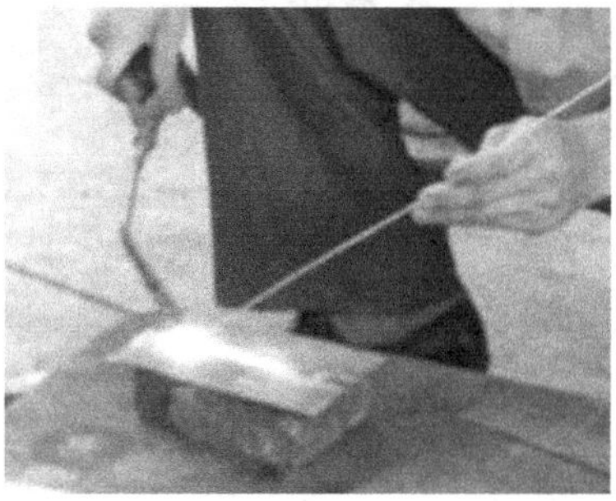

(a)

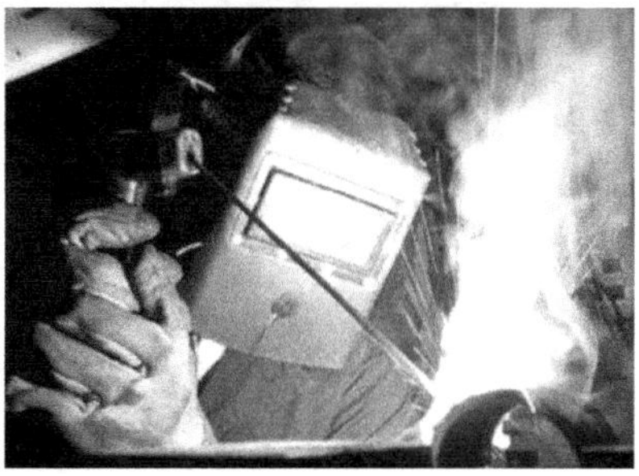

(b)

图 1-6 熔焊

2. 压焊

压焊是指在焊接过程中，必须对焊件施加压力(加热或不加热)，以完成焊接的方法，如图 1-7 所示。压焊有两种方式：一是将被焊金属接触部位加热到塑性状态或局部熔化状态，然后施加一定的压力，以使金属原子间相互结合形成牢固的焊接接头，如电阻焊、摩擦焊、锻焊和气压焊等；二是不进行加热，仅在被焊金属的接触面上施加足够的压力，借助压力形成的塑性变形，使原子间相互靠近而形成牢固接头，如冷压焊、爆炸焊等。

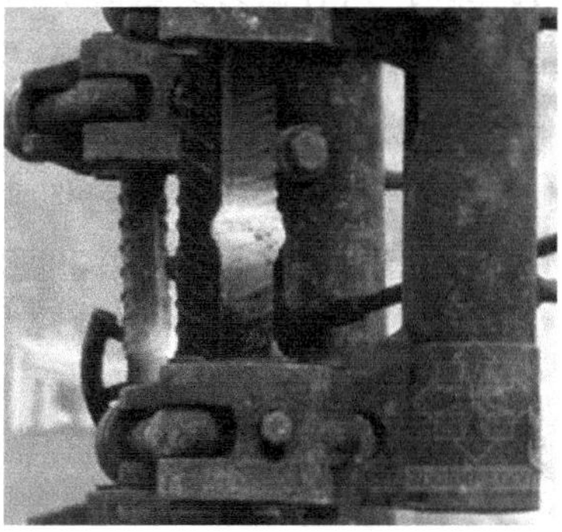

(a)

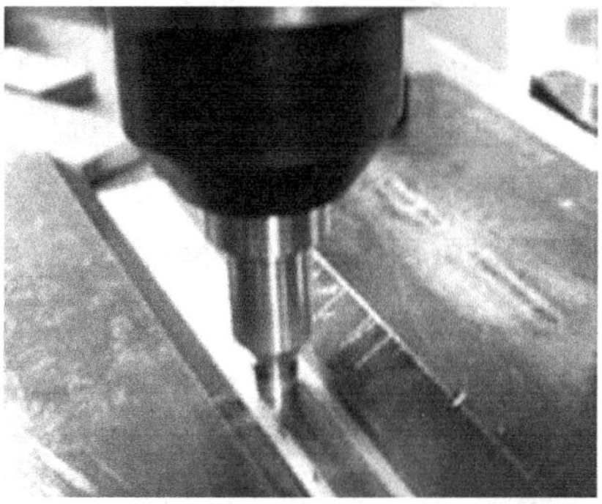

(b)

图 1-7 压焊

3. 钎焊

钎焊是采用比母材熔点低的金属材料作钎料，将焊件和钎料加热到高于钎料熔点，低于母材熔化温度，利用液态钎料润湿母材，填充接头间隙并与母材相互扩散实现连接焊件的方法，如图 1-8 所示。钎焊包括硬钎焊(使用硬钎料，钎料熔点高于 450℃)和软钎焊(使用软钎料，钎料熔点低于 450℃)。常用的钎焊方法有电烙铁钎焊、火焰钎焊、真空钎焊等。

(a) (b)

图 1-8 钎焊

1.2 焊接在国民经济建设中的应用

焊接是一种将材料永久连接，并成为具有给定功能结构的制造技术。生产生活中的很多产品，从几十万吨巨轮到不足 1g 的微电子元件，在生产中都不同程度地依赖焊接技术。

焊接是一种先进而高效的金属加工方法，与铆接相比，具有节约金属材料、减轻结构重量、简化加工与装配工艺、接头密封性好、易实现机械化和自动化生产、生产率高和质量稳定等优点，因此焊接的应用越来越广泛。

我国在 20 世纪 20 年代开始了电弧焊的应用。那时，只有极为少量的手弧焊和气焊，且多用于修补工作。今天，随着国民经济的迅速发展，焊接技术的应用已遍及我国的国防、造船、化工、石油、冶金、电力、建筑、桥梁、机车车辆、机械制造等各领域。我们成功地焊接了长江三峡水电站的水轮机(图 1-9)、150 个大气压的加氢反应器(图 1-10)、直径 15.7m 的球形容器(图 1-11)、鸟巢(图 1-12)、400000t 远洋货轮(图 1-13)，以及原子反应堆、火箭、人造卫星(图 1-14)等。

图 1-9 水轮机

图 1-10 加氢反应器

图 1-11 球形容器

图 1-12 鸟巢

图 1-13 400000t 远洋货轮

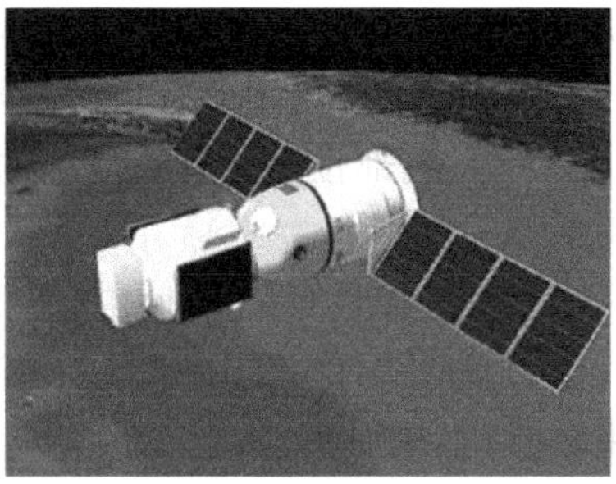

图 1-14 人造卫星

1.3 焊接与特种作业

一、特种作业

根据 2010 年 7 月 1 日起施行的《特种作业人员安全技术考核管理规则》及 2010 年公布的“中华人民共和国安全生产总局 30 号令”规定，特种作业是指容易发生人员伤亡事故，对操作者本人、他人及周围设施的安全有重大危害的作业，直接从事特种作业者称特种作业人员。规定电工、金属焊接和切割、登高架设、锅炉压力容器操作等作业为特种作业。《中华人民共和国劳动法》第 55 条规定，对特种作业人员，必须进行安全教育和安全技术培训，经考核合格取得操作证者，方准独立作业。

二、焊接与切割属于特种作业的原因

在金属焊接与切割操作过程中，焊工需要接触各种易燃易爆气体、氧气瓶和其他高压气瓶，需要用电和明火，而且有时需要焊补燃料容器、管道，需要登高或水下作业，或者需要在密闭金属容器、锅炉、船舱、地沟、管道内作业。因此，焊接作业有一定的危险性，容易发生火灾、爆炸、触电、高空坠落等灾难性事故。此外，焊接作业还有弧光、有毒气体与烟尘等有害因素，会伤害焊工身体。所以，焊接作业容易发生焊工及他人的人员伤亡事故，对周围设施有重大危害，可能造成财产与生产的巨大损失。因此，我国把焊接、切割作业定为特种作业。

三、气割、电焊“十不烧”的规定

(1) 焊工必须持证上岗，无特种作业安全操作证的人员，不准进行焊割作业。

(2) 凡属一、二、三级动火范围的焊割作业，未办理动火审批手续，不准进行焊割。

(3) 焊工不了解焊割现场周围情况，不得进行焊割。

(4) 焊工不了解焊件内部是否安全时，不得进行焊割。

(5) 各种装过可燃气体、易燃液体和有毒物质的容器，未经彻底清洗、排除危险性之前，不准进行焊割。

(6) 用可燃材料作保温层、冷却层、隔热设备的部位，或火星能飞溅到的地方，在未采取切实可靠的安全措施之前，不准焊割。

(7) 有压力或密闭的管道、容器，不准焊割。

(8) 焊、割部位附近有易燃、易爆物品，在未作清理或未采取有效的安全措施之前，不准焊割。

(9) 附近有与明火作业相抵触的工种在作业时，不准焊割。

(10) 与外单位相连的部位，在没有弄清有无险情，或明知存在危险而未采取有效的措施之前，不准焊割。

四、焊工职业准则

(1) 遵守国家法律、法规与政策和企业的有关规章制度。

(2) 爱岗敬业，忠于职守，自觉认真履行各项职责。

(3) 工作认真负责，严于律己，吃苦耐劳。

(4) 刻苦学习，钻研业务，努力提高科学文化素质和技能。

(5) 谦虚谨慎，互相配合，团结协作。

(6) 严格执行焊接工艺文件和工艺规程，重视安全生产，保证质量。

(7) 坚持文明生产，创造一个清洁、文明的工作环境，塑造良好的企业形象。

复习思考题

一、填空题

1. 机器零件、部件的连接方式有两种，一种是________，另一种是________。其中，属于可以拆卸的是________、________等；不可以拆卸的是________、________等。

2. 焊接是通过________或________，用或不用________，使焊件达到原子结合的一种热加工工艺方法。

3. 熔焊是在焊接过程中，将焊件接头加热至________状态，不加压力完成焊接的方法。

4. 钎焊是采用比母材熔点________的钎料，将焊件和钎料加热到高于________，低于________熔点的温度，利用________润湿母材，填充接头间隙，并与母材相互扩散实现连接焊件的方法。

5. 常见的熔焊方法有________、________、________、________等。

6. 常见的钎焊方法有________ 和________等。

二、判断题

1. 焊接可以将金属材料和某些非金属材料永久地连接起来。 (　　)

2. 铆焊和螺栓连接都是一种可以拆卸的连接方式。 (　　)

3. 压焊是在对焊件施加压力的同时，被焊金属接触处可以加热到熔化状态，也可以加热到塑性状态，或者可以不加热。 (　　)

4. 钎焊使用的钎料熔点应该比母材的熔点高，才能满足焊接的需要。 (　　)

5. 氩弧焊属于钎焊。 (　　)

三、选择题

1. 下列连接方法属于永久性连接的是(　　)。

A. 螺栓连接　　B. 键连接　　C. 焊接

2. 下列属于特种作业的是(　　)。

A. 车削　　B. 数控加工　　C. 焊接

3.《中华人民共和国劳动法》第55条规定，对特种作业人员，必须进行安全教育和安全技术培训，经考核合格取得(　　)，方准独立作业。

A. 操作证者　　B. 登高证　　C. 动火证

4. 软钎料熔点低于(　　)℃。

A. 450　　B. 550　　C. 650

5. 压焊是在焊接的同时对焊件施加(　　)的焊接方法。

A. 压力　　B. 加热　　C. 温度

四、问答题

1. 与铆接相比，焊接具有哪些优点？

2. 简述我国焊接技术的应用情况。

3. 什么是特种作业？为何焊接属于特种作业？

4. 如何区分熔焊与钎焊？它们各有什么特点？

项目2

焊接安全技术与防护

焊接操作者每天与电、气体、金属粉尘以及高温金属打交道，稍有疏忽，随时可能发生爆炸、触电、灼伤、高处坠落和急性中毒等危险，易受到弧光、电焊烟尘、有毒气体、高频电磁辐射、射线、噪声和热辐射等有害因素的影响，容易发生工伤事故和职业病危害，并造成环境污染。中国政府历来非常重视焊接安全技术和劳动卫生防护工作，颁布相关的法律法规，制定相应的政策和规章，开展科研和学术活动，并在生产实际中监督实施。进一步加强对焊接过程中产生的有害物质的研究，生产中采取有效的措施和方法，最大限度地降低并消除其对焊工的身体健康及安全带来的不良影响，保护环境和大自然，是一项既有现实紧迫性，又有长远战略性的重要工作。

学习目标

完成本项目学习后，你应当能：

1. 了解焊接中可能发生的安全事故。
2. 掌握防止触电、防止火灾与爆炸事故的安全技术措施。
3. 理解焊接安全生产的重要性和焊接劳动保护措施。

2.1 安全用电常识

一、安全用电常识

焊工操作的大多是通过工业用电的电能转化成热能和机械能的设备，因而掌握安全用电的常识是必要的事情。

1. 电流对人体的伤害

电流对人体的伤害有三种形式：电击、电伤和电磁场伤害，见表2-1。

表 2-1 电流对人体的伤害形式

伤害形式	概　　念
电击	电流通过人体内部，破坏心脏、肺部及神经系统等器官的正常工作。电流引起人的心室颤动，是电击致死的主要原因，通常称为触电。多发生在焊接设备漏电的情况下
电伤	电流的热效应、化学效应及机械效应对人体外部的伤害，主要是烧伤和烫伤。多发生在焊接设备的短路以及长时间接触不良时
电磁场伤害	在高频电磁场作用下，使人出现头晕、乏力、记忆力衰退、失眠多梦等神经系统的症状。多发生在氩弧焊和等离子焊接的频繁引弧过程中

2. 影响电击严重程度的因素

(1) 流经人体的电流强度

流经人体的电流强度越大，致命的危害性就越大。电流强度对人体的影响见表 2-2。

表 2-2 电流强度对人体的影响

电流种类	概　　念	电流强度值
感知电流	能使人感觉到的最小电流	工频交流 0.7～1mA，直流 5mA
摆脱电流	人体触电后能够自行摆脱的最大电流	工频交流 10～16mA，直流 30mA
安全电流	在线路中没有防止触电保护装置的条件下，人体允许通过的电流	30mA
致命电流	在较短时间内能危及生命的电流	50mA

生产过程中使用的电压是 220V 或者 380V，因此流经人体的电流取决于外加电压和人体电阻。一般情况下，人体电阻为 1000～5000Ω；但在皮肤出汗，身体带有导电性粉尘，加大同带电体的接触面积和压力等情况下，人体电阻会降低到 500～650Ω。

(2) 安全电压

安全电压是指在一定的环境条件下，为防止触电事故而采取由特定电源供电的电压。它可以将触电时通过人体的电流限制在较小的范围内，从而在一定程度上保证人体安全，其数值与工作环境有关。

比较干燥而触电危险较大的环境，安全电压规定为 36V；潮湿而触电危险较大的环境，我国规定安全电压为 12V；水下或其他由于触电会导致二次事故的环境，我国遵照国际电工标准会议规定安全电压为 2.5V 以下。

(3) 电流通过人体的持续时间

电流通过人体的持续时间越长，死亡的危险性越大。

(4) 电流通过人体的途径

电流通过人体的途径不同，对人体的伤害程度也不同。电流通过心脏会引起心室颤动，较大的电流还会使心脏停止跳动，两者都会使血液循环中断而导致死亡，电流通过中枢神经系统会引起中枢神经强烈失调而导致死亡。

(5) 电流的频率

频率为 50Hz 工频交流电对人体是最危险的，通过人体的工频交流电超过 50mA，对人就有致命的危险；而 2000Hz 以上的高频交流电对人体的影响较小。

（6）人体的健康状况

患有心脏病、神经系统疾病和结核病等的人，受电击造成的伤害程度比其他人更为严重。

二、电焊中的触电事故及预防措施

国产焊接电源一般采用电压 220/380V、频率 50Hz 的工频交流电供电，焊接操作中存在诸多不安全因素，如人体接触到焊接电源的一次回路漏电就很难摆脱或焊机的空载电压超过安全电压，因此，如果焊工缺乏安全意识就很容易发生触电事故。

1. 触电方式

触电是指人体接触带电体，电流流经人体，造成死亡或伤害的现象。一般皮肤接触带电体的面积越大，时间越长，人体的电阻就越小，因而危险性就越大。

根据人能触及的电压，触电方式主要有单相触电、两相触电和跨步电压触电，见表 2-3。

表 2-3　人体触电方式

触电方式	单 相 触 电	两 相 触 电	跨步电压触电
概念	当人站在地上或其他导体上，人体其他部位接触到三相电源中的任意一根火线，电流从导线经过人体流入大地或导体而造成的触电事故	当人体同时接触到两根火线或者电器设备两个不同相的带电部位时，电流由一根火线经过人体流到另一根火线而造成的触电事故	当高压电接地时，电流流入地下造成人体两脚之间有一定电压，也会造成触电事故
触及电压	220/380V 危险性大	380V 危险性很大	超过安全电压有危险
示意图	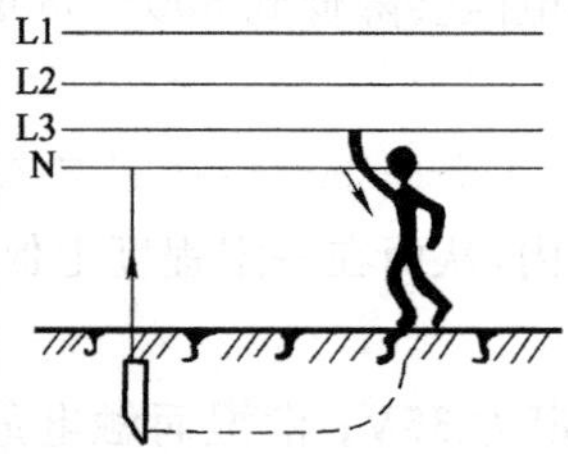		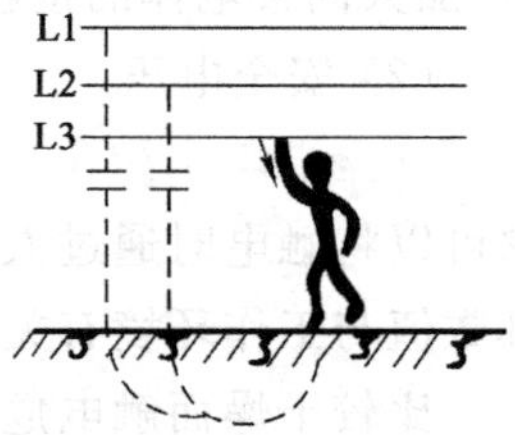

2. 焊接操作时造成触电事故的原因

设备发生绝缘损坏等故障和利用厂房内的金属结构、管道、轨道、暖气设施、天车吊钩或其他金属物体等搭接起来作为焊接回路是发生触电事故的主要原因。焊机的空载电压大多超过安全电压，如常用的交流弧焊机，空载电压一般为 70V，当焊工身上出汗（特别是夏季）、鞋袜潮湿、鞋底又薄时，人体的电阻降至 1600Ω 左右，焊工的手一旦接触钳口，通过人体的电流可达 40～50mA，使焊工的手部发生痉挛，甚至不能摆脱而触电。若焊工更换焊条时，其手接触焊钳口，而身体的其他部位直接接触金属结构而连通电焊机另一极，更易发生触电事故。

3. 防止触电事故的措施

(1) 机壳接地或接零

在正常情况下，机壳本身不带电。但当弧焊电源内部带电部分与机壳间的绝缘被击穿而发生碰壳时，会使机壳带电，这时操作人员碰到机壳就会触电。为保证人身安全应采取相应的安全措施。

① 保护接地，通常使用对地绝缘的配电系统，一般焊接设备采用焊机外壳接地。

② 保护接零，保护接零适用于三相四线制，电源中性点接地的配电系统中。

(2) 增大绝缘电阻

增大人体绝缘电阻有许多方法：如接触高压时戴橡皮手套；焊条电弧焊时戴皮手套，穿胶底鞋；坐下工作时要坐木凳；在金属容器内工作时应戴橡皮帽等。

(3) 避免接触带电器件

① 电源的带电按钮应加保护罩。

② 电源的带电部分与机壳之间应有良好的绝缘。

③ 连接焊钳的导线不许用裸线，应采用绝缘导线；焊钳本身应有良好的绝缘。

(4) 接入自动降低空载电压装置

这种装置的种类很多，常见的是在一次侧自动串入阻抗。这种装置不仅可以降低空载电压来防止触电，而且也能使空载损耗减小，节约用电。

手工电弧焊机应安装焊机自动断电装置，其技术要求为：引弧起动时间$\leqslant$40ms；空载电压$\leqslant$18V；断电延时为(1±0.5)s内；起动灵敏度$\geqslant$300Ω，并$\leqslant$500Ω。焊机应在铭牌允许的负载持续率下工作，不得长时间超载运行。

三、发生触电事故，现场急救的原则

应遵循五条触电急救的基本原则：迅速、就地、正确、坚持、严禁的十字急救方针。

1. 迅速

就是使触电者迅速脱离电源，其方法是先断开电源开关。如电源开关离触电现场较远，在低压带电设备上发生触电事故，可用绝缘工具、干燥的木棒、绳索等断开电源。如在高压电气设备上发生触电事故，必须用适合该电压等级的绝缘工具解脱触电者。救护人员在抢救过程中应注意自身的安全，与带电部分必须保持安全距离。

2. 就地

触电者脱离电源后，应就地进行抢救。因为在心跳和呼吸停止5min后，脑细胞会由于缺氧而发生难以逆转的损坏。

3. 正确

对触电者进行现场抢救时，动作要正确，对呼吸、心跳停止的，其办法是采用心肺复苏法进行人工呼吸。严禁采用泼水、捆电线、埋沙子等办法抢救。

4. 坚持

现场采用心肺复苏法人工呼吸应坚持不断进行，直到医务人员到现场接替救治。

5. 严禁

现场抢救触电者，严禁盲目打强心针。

2.2 防火灾与防爆炸常识

一、防火灾常识

1. 燃烧

燃烧是指可燃物质与助燃物质在着火源的导燃下相互作用，并产生光和热的一种剧烈的氧化反应。燃烧必须在可燃物质、助燃物质和着火源三个基本条件同时具备、相互作用下才能发生，见表2-4。

表2-4 燃烧条件

燃烧条件	定 义	物 质 名 称
可燃物质	能与空气、氧气和其他氧化剂发生剧烈反应的物质	木材、煤炭、塑料、衣物、纸张、可燃气体、可燃液体等
助燃物质	能与可燃物质发生化学反应并引起燃烧的物质	空气、氧气和其他氧化剂
着火源	具有一定温度和热量的能源，也指能引起可燃物质着火的能源	火焰、电火花、炽热物体等

2. 火灾

在生产过程中，凡是超出有效范围的燃烧统称为火灾。在各种灾害中，火灾是最经常、最普遍地威胁公众安全和社会发展的主要灾害之一。人类能够对火进行利用和控制，是文明进步的一个重要标志。所以说人们在用火的同时，应不断总结火灾发生的规律，尽可能地减少火灾及其对人类造成的危害。

3. 防火灾措施

(1) 进行焊接作业，应严格执行用火审批制度，须经本单位安全部门及有关人员同意后，方可在规定的时间和地点进行焊接。

(2) 焊接操作必须由经过培训并有上岗证的人员进行，并对其加强职业道德教育和消防专业知识的培训教育，提高警惕、重视安全。

(3) 焊接操作应选择在安全地点进行，要与易燃易爆仓库、油罐、气柜、堆垛等保持一定的安全距离；尽量远离正在生产易燃易爆产品的设备、装置、容器和管道，在存在火灾、爆炸危险场所内，一般不进行电焊作业；需要检修的设备应拆卸至安全地点修理；必须在火灾、危险场所内进行电焊作业时，应严格执行防火制度。

(4) 盛装过汽油、煤油、苯及其他易燃液体的桶和罐，在对其焊接之前，要认真进行处理；对积存可燃气体和蒸气的管沟、深坑、下水道内及其周围，没有消除危险之前，不能进行焊接作业；在空心间壁墙、临时简易建筑、简易仓库、有可燃建筑构件的顶棚内和可燃易燃物质堆垛附近，不宜进行焊割作业。

(5) 焊接设备必须安全良好。电焊机和电源线的绝缘要可靠，导线要有足够的截面。电焊钳破损时，应及时处理更换，以防发生事故。

(6) 电焊与气焊如在同一地点操作时，电焊的导线与气焊的管线不可敷设在一起，应保持 10m 以上的距离，以免互相影响，发生危险。

(7) 不能利用与易燃易爆生产设备有联系的金属构件作为电焊地线，如输油和输气管线等，以防止在电气通路不良的地方产生高温或电火花，引起着火。

(8) 焊接和切割后要特别注意对安全设施的检查。同时要清除现场火种、关闭电源、对焊工所穿的衣服要进行检查。

二、防爆炸

1. 爆炸

爆炸是指物质在瞬间以机械功的形式释放出大量气体和能量的现象。爆炸发生时会伴随压力的急剧升高和巨大的响声，其主要特征是压力的急剧升高。瞬间是指爆炸发生在极短时间内，如乙炔瓶内的乙炔与氧混合气发生爆炸时，大约在 0.01s 时间内完成如下化学反应：

$$2C_2H_2+5O_2 = 4CO_2+2H_2O+Q$$

Q 是爆炸时释放出的热量。

爆炸时产生大量二氧化碳、水蒸气等气体，同时释放出大量热量，使瓶内压力升高 10～13 倍，其爆炸功可使气瓶飞离原地点 20～30m。这种克服地心引力将重物移动一段距离即为机械功。

2. 爆炸分类和特点

(1) 爆炸分为物理性爆炸和化学性爆炸

① 物理性爆炸：是由物理变化如温度、压力和体积等变化引起的，爆炸前后物质的性质和化学成分均不变。例如，氧气瓶的爆炸属于典型的物理性爆炸，氧气瓶受热升温引起瓶内气体压力升高，当气体压力超过瓶体的抗拉强度时即发生爆炸，造成巨大破坏和伤害。

② 化学性爆炸：物质在短时间内完成化学反应，形成其他物质，同时产生大量气体和能量，使温度和压力骤然剧增引起爆炸。如乙炔与空气的混合气体爆炸属于化学性爆炸。

(2) 爆炸过程的特点

① 可燃物质与空气或氧气的相互扩散，均匀混合形成爆炸性混合物，遇到火源时爆炸开始。

② 爆炸连续反应，范围扩大，威力升级。

③ 完成化学反应，爆炸造成灾害性破坏。

基于上述特点，防爆炸原则的基本要求应以阻止第一过程出现、限制第二过程发展、防止第三过程危害为原则。

3. 爆炸极限

可燃物质(可燃气体、蒸气、粉尘等)与空气(或氧气)混合,遇到火源能发生爆炸的浓度范围称为爆炸极限或爆炸浓度极限。

可燃性混合物能发生爆炸的最低浓度和最高浓度分别称为爆炸下限和爆炸上限。在低于爆炸下限和高于爆炸上限时都不会发生爆炸。几种可燃气体与空气、氧气混合的爆炸极限见表 2-5。

表 2-5 几种可燃气体与空气、氧气混合的爆炸极限

可燃气种类	可燃气体在混合气中的体积分数/%	
	空 气	氧 气
乙炔	2.8～81.0	2.8～93.0
氢气	3.3～81.5	4.6～93.9
一氧化碳	11.4～77.5	15.5～93.9
丙烷	2.9～9.5	3.2～64
煤油蒸气	1.4～5.5	—

4. 焊接现场发生爆炸的可能性

(1) 可燃气体的爆炸

焊接现场存在可燃气体,如乙炔、天然气等,与氧气或空气均匀混合达到爆炸浓度限度,遇到电火花等火源便会发生爆炸。

(2) 可燃液体或可燃液体蒸气的爆炸

在焊接场地或附近放有可燃液体时,可燃液体或可燃液体的蒸气达到一定浓度,遇到电焊火花即会发生爆炸。

(3) 可燃粉尘的爆炸

可燃粉尘(例如镁、铝粉尘,纤维素粉尘等)悬浮于空气中,达到爆炸浓度范围,遇火源(例如电焊火花)也会发生爆炸。

(4) 密闭容器的爆炸

对密闭容器或在受压的容器上进行焊接时,如不采取适当措施也会发生爆炸。

5. 防爆炸的措施

(1) 对受压容器、密闭容器、各种油桶和管道、沾有可燃物质的工件进行焊接时,必须事先进行检查,并经过冲洗除掉有毒、有害、易燃、易爆物质,解除容器及管道压力,解除容器密闭状态后,再进行焊接。

(2) 对于因某些生产系统或设备无法密闭或者无法完全密闭,可能存在可燃气体、蒸气、粉尘的生产场所,要设置通风除尘装置以降低空气中可燃物浓度。

(3) 在存有可燃物料的系统中加入惰性气体,使可燃物及氧气浓度下降,可以降低或消除燃爆危险性。

(4) 在气焊气割时,要使用合格乙炔瓶及回火防止器,压力表(乙炔表、氧气表)要定

期校检,并且要用合格的橡胶软管。

三、如果发生火灾、爆炸事故时,应采取以下方法进行紧急处理

(1) 应判明火灾、爆炸的部位及引起火灾和爆炸的物质特性,迅速拨打电话 119 或者 110 报警。

(2) 在消防人员未到达前,现场人员应根据起火或爆炸物质的特点,采取有效的方法控制事故的蔓延,如切断电源、撤离事故现场氧气瓶、乙炔瓶等受热易爆设备,正确使用灭火器材。

(3) 在事故紧急处理时必须由专人负责,统一指挥,防止造成混乱。

(4) 灭火时,应采取防爆炸、防中毒措施、防止倒塌、坠落伤人等。

2.3 个人安全防护

焊接过程中存在诸多有害因素,如有害气体、焊接烟尘、强烈的弧光辐射、高频电磁场及噪声等,这些有害因素对人体的呼吸系统、皮肤、眼睛及神经系统有不良影响,因此焊接时需佩戴个人防护用具,做好安全防护。

个人防护用具是为保护操作者在焊接过程中安全和健康必不可少的个人预防性用品。在各种焊接与切割中,必须按规定佩戴防护用具,以防上述有害因素对人体的危害。一般个人防护用具的种类有如下几种。

1. 面罩

面罩是防止焊接飞溅、弧光及电弧高温对焊工面目及颈部灼伤的一种防护用具,罩体应遮住焊工的整个面部,不漏光,结构牢固,材料应选用不易燃烧或耐高温且不刺激皮肤的绝缘材料。使用面罩应注意以下几点。

(1) 按工作场所的需要,选用适当的面罩,施工简单方便时,可用手提式,如图 2-1(a)所示;在登高作业、不易施工处,应选用头盔式,如图 2-1(b)所示。

(2) 使用自动变光面罩,如图 2-1(c)所示,可根据焊接环境的变化,自动调整所需明暗度,只需 5/10000s 即可变暗,避免直视电弧强光。但勿自行拆卸过滤镜。

(3) 面罩上的滤光玻璃前后应装上白玻璃,以防止飞溅物玷污滤光玻璃。

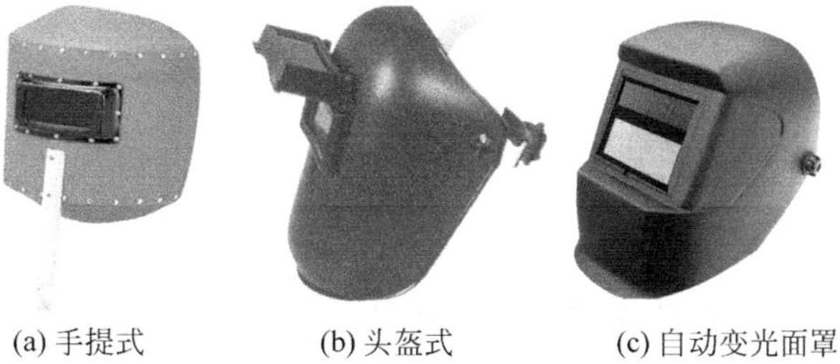

(a) 手提式　　(b) 头盔式　　(c) 自动变光面罩

图 2-1 电焊面罩

2. 护目镜

护目镜的作用是减弱弧光和过滤红外线、紫外线。按亮度深浅分为16个型号(1.2～16号),号数越大,颜色越深。护目镜应符合国标GB/T 3609.1—2008的要求,使用时根据电流的大小及焊工的视力、习惯来选用,合乎遮光要求的护目镜片的选择见表2-6。

表2-6 焊接护目镜片选用表

焊接切割种类	护目镜片遮光号			
	焊接电流/A			
	≤30	>30～75	>75～200	>200～400
电弧焊	5～6	7～8	8～10	11～12
碳弧气刨			10～11	12～14
焊接辅助工	3～4			

3. 工作服

焊接时,为了减少焊接热量的吸收和防止弧光灼伤皮肤,应选用白色帆布工作服(图2-2)。

图2-2 工作服

4. 劳保鞋

劳保鞋主要功能是防烧烫、刺割,应能承受一定静压力和耐一定温度,耐一定电压,不易燃(图2-3)。

5. 焊接手套

焊接手套是用来保护手不受电弧光、飞溅物及高温金属伤害的防护用具(图2-4)。

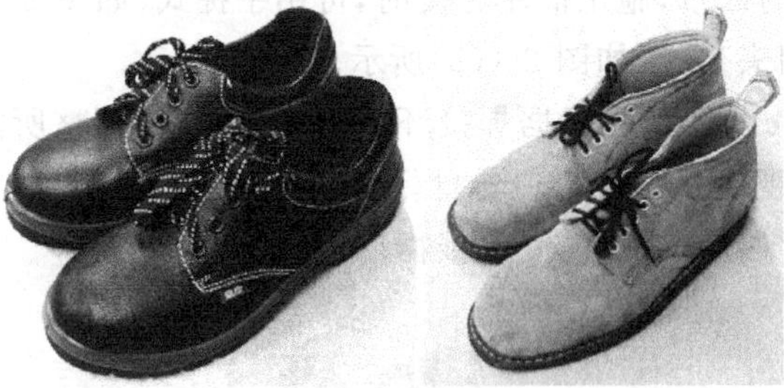

图2-3 劳保鞋

图2-4 焊接手套

6. 安全帽

安全帽是防物体打击和坠落时头部遭碰撞的头部防护装置,如图2-5所示。无行车的车间可以戴普通布帽,如图2-6所示。

图 2-5 安全帽

图 2-6 普通布帽

7. 隔音耳罩与耳塞

长时间处于噪声环境下工作的人员应戴上护耳器，以减小噪声对人的危害。护耳器有隔音耳罩(图 2-7)或隔音耳塞(图 2-8)等。耳罩虽然隔音效能优于耳塞，但体积较大，戴用不太方便。耳塞种类很多，常用的有耳研 5 型橡胶耳塞，具有携带方便、经济耐用、隔音较好等优点。

图 2-7 隔音耳罩

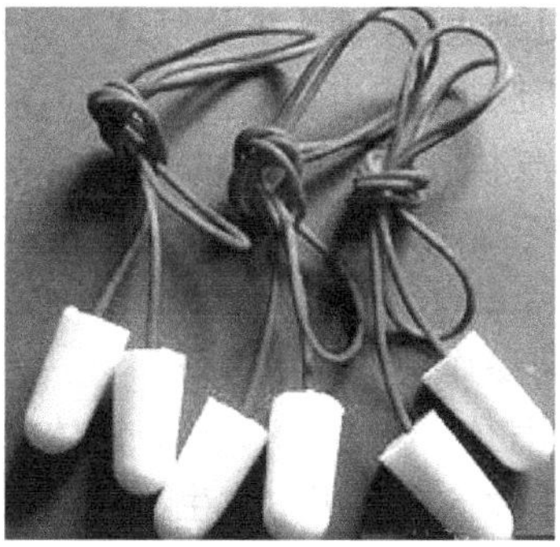

图 2-8 隔音耳塞

总之，焊工进入操作现场，着装应符合安全文明生产的要求。

复习思考题

一、填空题

1. 根据人能触及的电压，触电方式主要有________、________和跨步电压触电。

2. 电流对人体的伤害有三种形式：________、________和电磁场伤害。

3. 乙炔和空气的爆炸极限是________。

4. 燃烧必须在________、________和________三个基本条件同时具备、相互作用下才能发生。

5. 在消防人员未到达前，现场人员应根据起火或爆炸物质的特点，采取有效的方法控制事故的蔓延，如________、撤离事故现场氧气瓶、乙炔瓶等受热易爆设备，正确使用________。

二、判断题

1. 噪声强度超过卫生标准时,对人体有危害。 ( )

2. 焊工应该定期检查身体,及早防治职业病。 ( )

3. 更换焊条时,焊工赤手操作即可。 ( )

4. 对于开关电器的可动部分包以绝缘材料,以防触电。 ( )

5. 爆炸发生时的主要特征是压力升高。 ( )

三、选择题

1. 为了防止皮肤受到电弧的伤害,焊工宜穿( )色工作服。

A. 蓝 B. 红 C. 白或浅 D. 土黄

2. 为保护焊工眼睛不受弧光伤害,焊接时必须使用镶有特制防护镜片的面罩,并按照( )的不同来选用不同型号的滤光镜片。

A. 焊接材料 B. 焊接电流 C. 焊接速度 D. 电弧长度

3. 人体最怕电击的部位是( )。

A. 心脏 B. 肺部 C. 肝脏 D. 四肢

4. 在处理火灾、爆炸事故时,( )。

A. 迅速拨打电话110 B. 气瓶口着火,先关闭阀门

C. 气体导管着火,先关闭阀门 D. 油类着火时用水灭火

5. 焊接切割作业时,应将作业环境( )范围内所有易燃易爆物品清理干净。

A. 3m B. 5m C. 10m D. 20m

6. 炸药爆炸是( )爆炸。

A. 气体 B. 液体 C. 物理 D. 化学

7. 焊接设备在使用中发生故障,焊工应( )。

A. 断电,通知电工检修 B. 带电检查修理

C. 断电,自行检查修理 D. 立即通知电工检修

8. 对于比较干燥而触电危险较大的环境,我国规定安全电压的数值为( )V。

A. 110 B. 36 C. 24 D. 12

四、问答题

1. 什么是触电?触电事故类型有哪些?

2. 焊接操作时造成触电事故的原因有哪些?

3. 焊接现场防火灾、防爆炸措施有哪些?

4. 防止焊接过程中的有害因素对人体的伤害,焊接时应采取哪些个人防护措施?

项目3

低碳钢气焊技能训练

气焊是利用气体火焰作热源，来熔化母材和填充金属的一种焊接方法。最常用的是氧乙炔焊，即利用乙炔（可燃气体）和氧气（助燃气体）混合燃烧时产生的氧乙炔火焰，来加热、熔化工件与焊丝，冷凝后形成焊缝的焊接方法。

气焊属于熔焊，操作方法如图 3-1 所示。

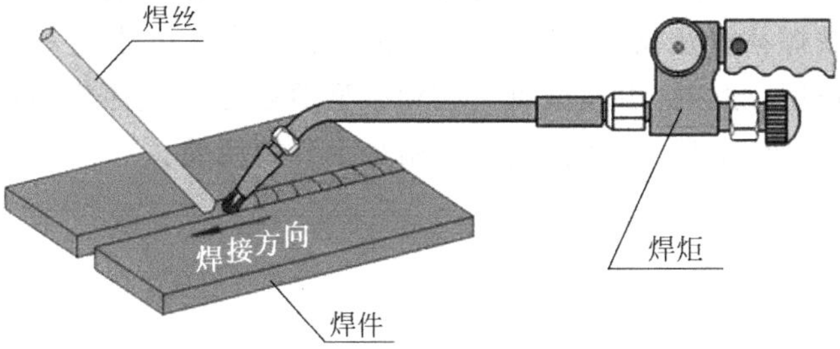

图 3-1 气焊

学习目标

完成本项目学习后，你应当能：

1. 了解手工气焊的特点及应用。
2. 掌握手工气焊的材料、设备和常用工具的使用。
3. 掌握气焊火焰的点燃、调节和熄灭及注意事项。
4. 掌握薄板平对接气焊操作方法和要点。

3.1 气焊的特点及应用

一、气焊的特点

1. 优点

(1) 火焰的热输入调节方便,故熔池温度、焊缝形状和尺寸、焊缝背面成形等容易控制。
(2) 设备简单、使用灵活,移动方便。
(3) 对铸铁及某些有色金属的焊接有较好的适应性。
(4) 在电力供应不足的地方需要焊接时,气焊可以发挥更大的作用。

2. 缺点

(1) 生产效率较低。
(2) 焊接后工件变形和热影响区较大。
(3) 较难实现自动化。

二、气焊的应用

气焊适用于各种位置的焊接,特别适合 3mm 以下的低碳钢、高碳钢薄板的焊接,并且广泛应用于铸铁焊补以及铜、铝等有色金属的焊接。在无电或电力不足的情况下,气焊则能发挥更大的作用。此外,由微型氧气瓶和微型溶解乙炔气瓶组成的手提式或肩背式气焊气割装置,在旷野、山顶、高空作业中应用是十分简便的。

3.2 气焊用材料和设备

一、气焊用材料

1. 气体

气焊使用的气体包括氧气、乙炔和液化石油气,其性质见表 3-1。

表 3-1 气体性质

气体种类 / 气体性质	氧　气	乙　炔	液化石油气
分子式	O_2	C_2H_2	主要成分 C_3H_8
物理性质	无色无味无毒,在空气中的含量约为 21%。当温度降低到 −183℃ 时,氧气由气态转化为液态	无色,比空气轻,工业乙炔有强烈臭味,易溶于丙酮,且随乙炔压力增大,溶解度增大;随温度升高,溶解度降低	无色,有毒,比空气重,常温下以气态存在,施加 0.8～1.5MPa 压力即变为液态

续表

气体种类 气体性质	氧　　气	乙　　炔	液化石油气
化学性质	(1) 氧气是助燃气体，可燃气体与氧气混合燃烧比在空气中燃烧更为激烈，燃烧温度高。 (2) 压缩纯氧与油脂等可燃物接触，能发生自燃，引起火灾和爆炸。 (3) 氧气几乎能与所有的可燃气体、蒸气混合形成爆炸性混合物，其爆炸范围比可燃气与空气混合的爆炸极限宽	(1) 乙炔是易燃气体，燃点低。 (2) 乙炔发生爆炸的危险性随压力和温度上升而增大。乙炔与空气或氧气混合爆炸性大为增加。 (3) 乙炔能与氯、次氯酸盐等化合，在日光照射下或受热时，会发生燃烧和爆炸。乙炔与铜、银、水银等长期接触，会生成乙炔铜、乙炔银等爆炸性混合物。 (4) 乙炔溶解在液体里会大大降低爆炸性	(1) 液化石油气是可燃气体，与纯氧燃烧的温度为 2100～2700℃，但燃烧热比乙炔多。 (2) 液化石油气与氧气和乙炔混合爆炸极限范围比乙炔小，爆炸危险性比乙炔小。 (3) 液化石油气燃烧时需氧量多，燃烧速度比乙炔慢，不易回火。 (4) 液化石油气对普通胶管有腐蚀作用，必须采用耐油的胶管和衬垫
爆炸极限	与氧气混合的爆炸极限	2.3%～93%	3.2%～64%
	与空气混合的爆炸极限	2.2%～81%	2.3%～9.5%

2. 焊丝

应根据焊件材料的机械性能或化学成分，选择相应性能或成分的焊丝，如图 3-2 所示。

3. 气焊熔剂

为了防止金属的氧化以及消除已经形成的氧化物，在焊接有色金属（如铜及铜合金、铝及铝合金）、铸铁、耐热钢以及不锈钢等材料时，必须采用气焊熔剂，如图 3-3 所示，才能保证焊接质量。一般碳素结构钢气焊时不需要气焊熔剂。

图 3-2　焊丝

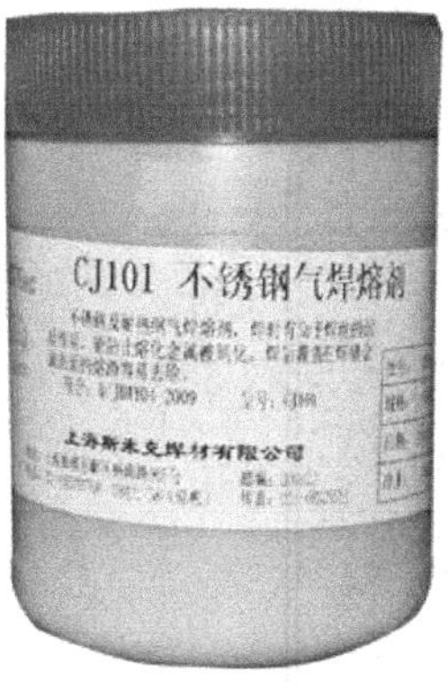

图 3-3　气焊熔剂

二、气焊设备

1. 焊炬

焊炬俗称焊枪。焊炬是气焊中的主要设备，它的构造多种多样，但基本原理相同。焊炬是气焊时用于控制气体混合比、流量及火焰并进行焊接的手持工具。焊炬有射吸式和等压式两种，常用的是射吸式焊炬，如图 3-4 所示。

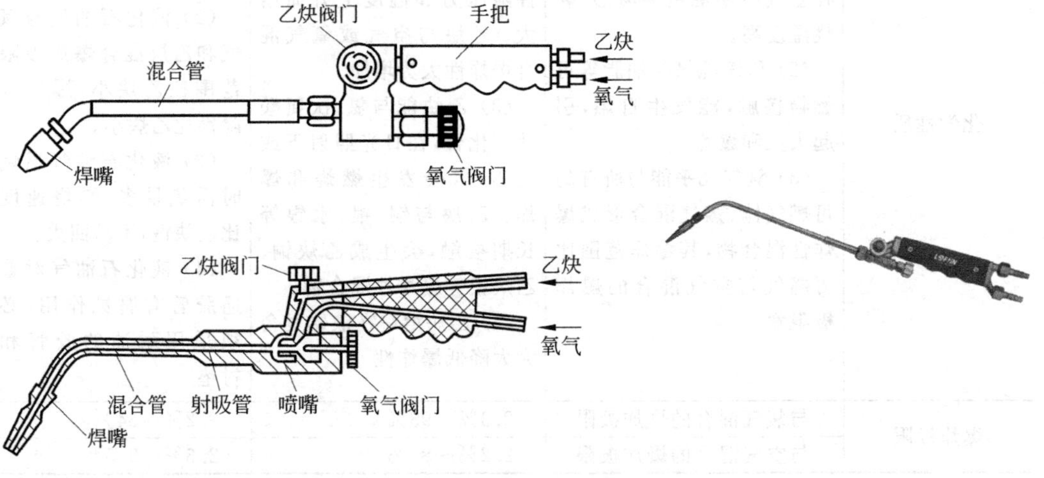

图 3-4　射吸式焊炬

2. 乙炔瓶

乙炔瓶是储存溶解乙炔的钢瓶。乙炔瓶的外壳漆成白色，用红色写明“乙炔”和“不可近火”字样，乙炔瓶如图 3-5 所示。

3. 氧气瓶

氧气瓶是储存氧气的一种高压容器钢瓶。氧气瓶外表漆成天蓝色，用黑漆标明“氧气”字样。氧化瓶的容积为 40L，储氧最大压力为 15MPa，如图 3-6 所示。

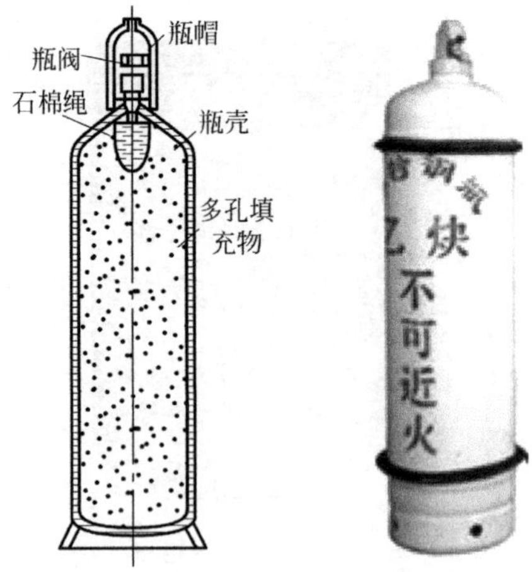

图 3-5　乙炔瓶

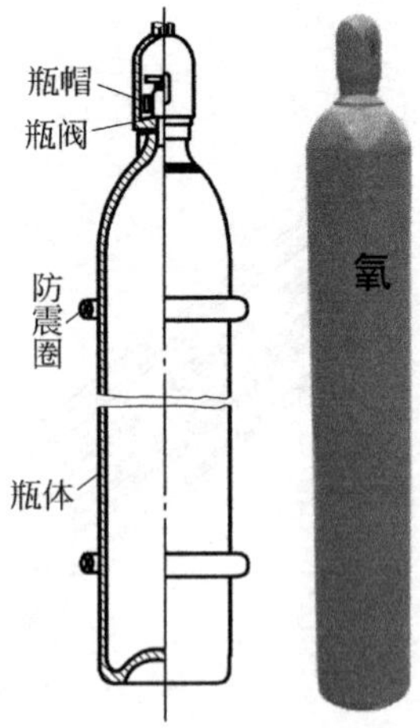

图 3-6　氧气瓶

4. 回火保险器

回火保险器又称回火防止器，它是装在乙炔减压器和焊炬之间，用来防止火焰沿乙炔管回烧的安全装置，如图 3-7 所示。

回火是指火焰伴有鸣爆声进入焊（割）炬，并熄灭或在喷嘴重新点燃。也就是气体火焰进入喷嘴逆向燃烧的现象。如果逆向燃烧到气瓶（乙炔瓶）就会引起爆炸。因此在气焊与气割时乙炔瓶的出口要安装回火防止器，为了安全有时还采用双保险，即在乙炔气路中安装两个回火防止器。

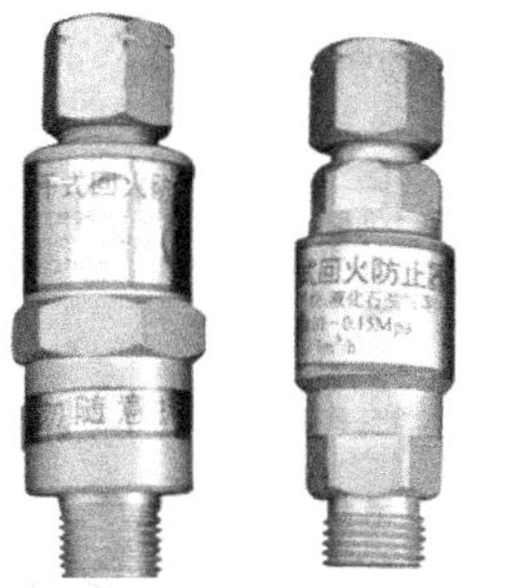

图 3-7　回火保险器

正常情况下，喷嘴里混合气流出速度与其燃烧速度相等，气体火焰在喷嘴口稳定燃烧。如果混合气流出速度比燃烧速度快，则火焰离开喷嘴一段距离再燃烧；如果混合气流出速度比燃烧速度慢，则火焰就进入喷嘴逆向燃烧，这是发生回火的根本原因。造成混合气体流出速度比燃烧速度慢的主要原因如下。

（1）焊（割）嘴堵塞，混合气流出不畅；

（2）焊（割）嘴离工件太近，流出气体被工件阻挡反射，使喷嘴外气体压力增大，造成混合气不易流出；

（3）焊（割）嘴、焊（割）炬过热，混合气在喷嘴内已经开始燃烧；

（4）乙炔压力过低或乙炔胶管太细、太长、弯折、堵塞等造成乙炔气路不畅通；

（5）焊（割）炬破旧漏气或射吸能力变差。

气焊气割过程中如发生回火现象，应立即关闭调节阀，找出回火原因，采取措施，以防回火现象再次发生。

5. 减压器

减压器是将高压气体降为低压气体的调节装置，其作用是减压、调压、量压和稳压，如图 3-8 所示。由于减压器的量程不同，不同的气体应采用相应的减压器。

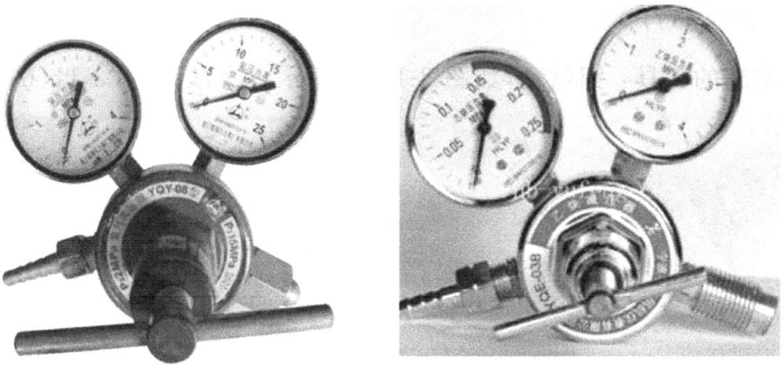

图 3-8　减压器

气焊所用设备及气路连接如图 3-9 所示。

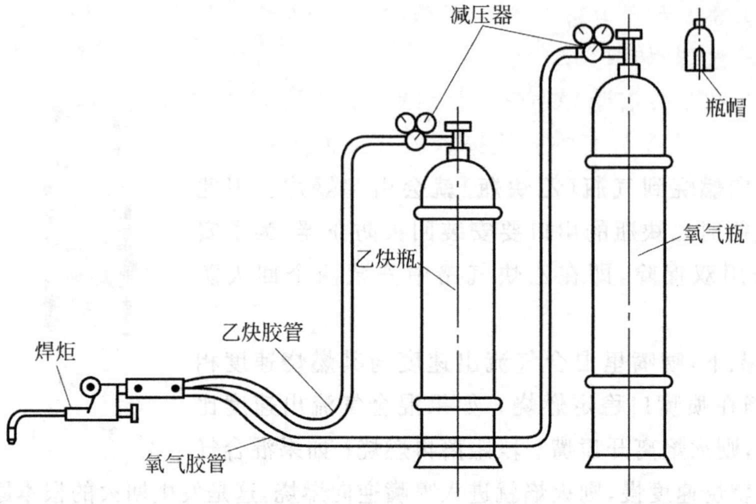

图 3-9 气焊设备及其连接

三、气焊辅助工具

1. 点火枪

点火枪是气焊点火的常用工具，如图 3-10 所示，使用手枪式点火枪点火最为安全方便。

2. 橡皮管

氧气瓶和乙炔瓶中的气体须用橡皮管输送到焊炬中，根据 GB/T 2550—2007 规定，氧气管为蓝色，乙炔管为红色。橡皮管禁止沾有油污，要经常检查橡胶管的各接口处是否紧固气密，橡胶管有无老化现象，不可有损伤和漏气发生，严禁明火检漏，并严禁互换使用。

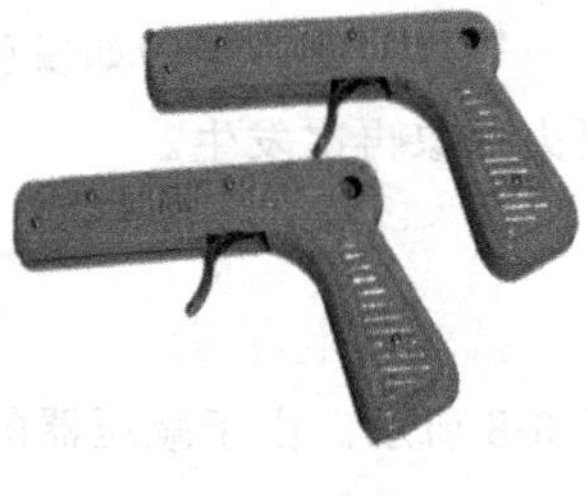

图 3-10 点火枪

3. 其他工具

(1) 清理割缝的工具：钢丝刷，如图 3-11(a)所示；锉刀，如图 3-11(b)所示；手锤，如图 3-11(c)所示。

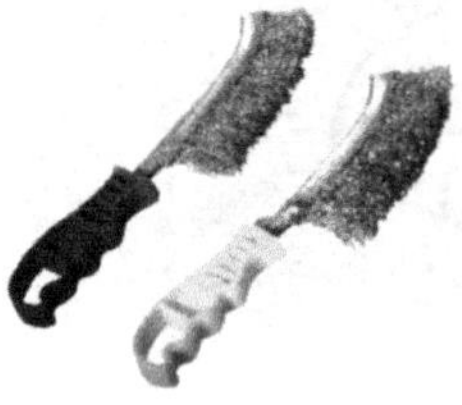

(a) 钢丝刷

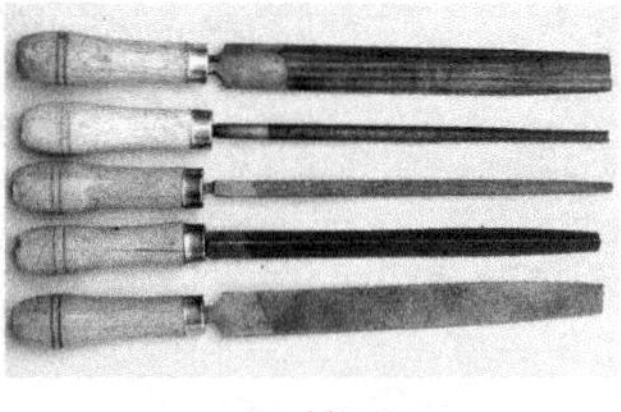

(b) 锉刀

(c) 手锤

图 3-11 清理工具

(2) 连接和启闭气体通路的工具：钢丝钳；皮管喉箍，如图 3-12 所示；扳手，铁丝。

(3) 清理焊嘴和割嘴用的通针。每个气焊工都应备有粗细不等的钢质通针一组，如图 3-13 所示，以便清除堵塞焊嘴或割嘴的脏物。

图 3-12 喉箍

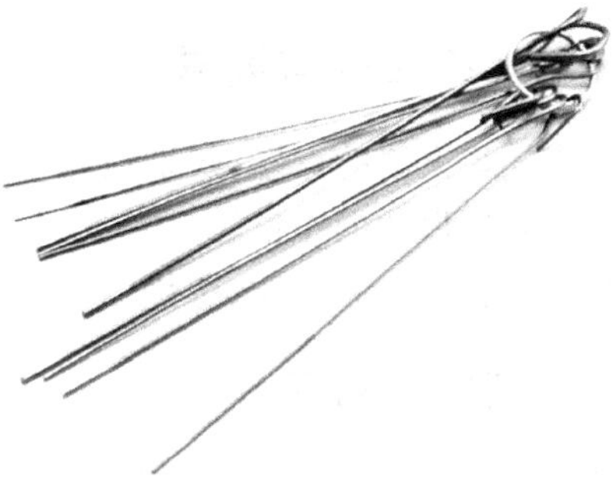

图 3-13 通针

3.3 气焊火焰

气焊火焰对焊接质量有很大影响，因为焊接时，火焰既是气焊热源，又起机械保护作用，还和熔池金属发生一些冶金反应，影响焊缝化学成分。

氧乙炔焰按氧乙炔混合比值(指氧气与乙炔的混合比例)不同可分为中性焰、碳化焰和氧化焰三种，其特征和应用见表 3-2。

表 3-2 氧乙炔焰的特征与应用

火焰种类 火焰特征与应用	中 性 焰	碳 化 焰	氧 化 焰
氧乙炔混合比	1.0～1.2	<1.0	>1.2
最高火焰温度/℃	3150	3000	3300
火焰特征	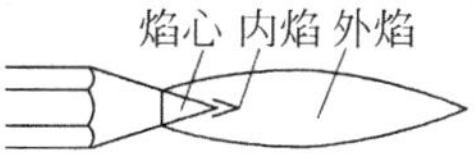 包括焰心、内焰和外焰。焰心呈亮白色，端部火苗时隐时现，离焰心端前面 2～4mm 处温度最高	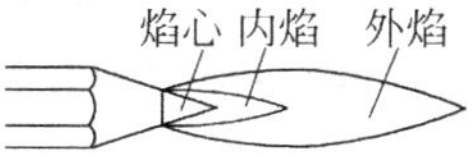 焰心、内焰和外焰三区很明显。焰心呈亮白色，内焰呈淡白色	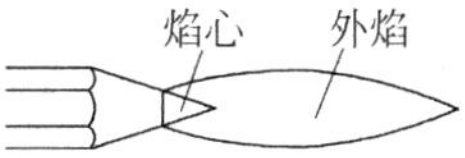 有焰心，但没有内、外焰之分
应用	广泛用于气焊低碳钢、中碳钢、普通低合金钢、不锈钢等	轻微碳化焰可用于气焊铸铁、高碳钢、高速钢等	轻微氧化焰用在黄铜、锡青铜及镀锌铁皮等气焊时，以减少锌、锡的蒸发

3.4　薄板平对接气焊技能训练

一、训练目的与要求

训练气焊火焰的点燃、辨别火焰性质和调节火焰的能力；训练左右手的配合能力及薄板平对接气焊的操作技能。

要求焊缝表面无裂纹、过烧、氧化、未熔合和气孔缺陷。

二、训练准备工作

(1) 练习工件：Q235B低碳钢板、尺寸250mm×100mm×2mm，2块。

(2) 气焊设备：氧气瓶、乙炔瓶、回火保险器、氧气减压器、乙炔减压器、氧气胶管、乙炔胶管、焊炬等。

(3) 焊接材料：焊丝H08A，规格 ϕ2.5mm、氧气、乙炔。

(4) 辅助工具：气焊眼镜、扳手、通针、点火枪或打火机等。

三、操作步骤与要领

1. 清理焊件

焊前应对焊件待焊处和焊丝上的氧化物、铁锈、油污和水分等做彻底清理。

2. 开启气瓶

用专用扳手打开气瓶，注意乙炔瓶只开启3/4圈，调节减压表压力，氧气压力一般为0.2～0.5MPa，乙炔压力一般不超过0.1MPa，如图3-14所示。

3. 点火、调节和熄灭

使用射吸式焊炬，应先少开一点氧气调节阀，再开乙炔调节阀，用明火(点火枪或打火机)点燃，如图3-15所示。点火后调节氧气和乙炔阀门，观察火焰特征，分别调出中性焰、氧化焰和碳化焰；熄灭时，应先关闭乙炔调节阀，再关闭氧气调节阀。如果火焰比较小时，还可以先开点氧气，再关乙炔调节阀，最后关氧气调节阀，以避免鸣爆现象(俗称“放炮”)。

(a) 乙炔减压表　　(b) 氧气减压表

图3-14　乙炔和氧气减压表的数值

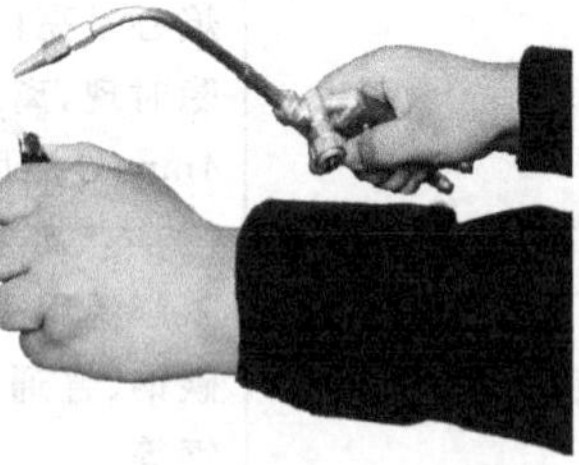

图3-15　正确的点火姿势

4. 定位焊

定位焊的作用是固定焊件间的相对位置。定位焊缝的长度和间距视焊件的厚度和焊缝长度而定。当工件较薄时，定位焊应从工件中间开始，定位焊的长度一般为 5～7mm，间隔 50～100mm，定位点焊顺序如图 3-16 所示；当工件较厚时，可从两头开始。点焊的长度应为 20～30mm，间隔为 200～300mm，其顺序如图 3-17 所示。

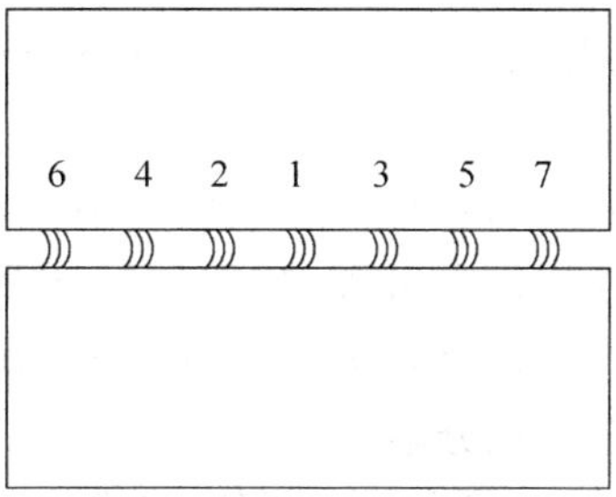

图 3-16 薄工件定位焊顺序

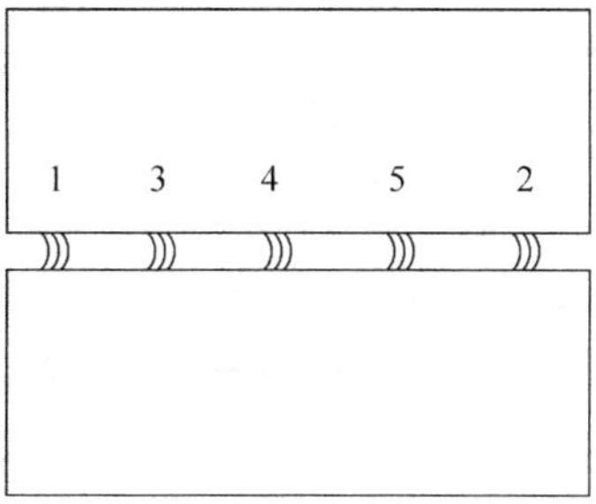

图 3-17 较厚工件定位焊顺序

定位焊缝不宜过长，更不宜过高和过宽。对较厚的工件定位焊要有足够的熔深，否则焊接时会造成焊缝高低不平、宽窄不一和熔合不良等。对定位焊的要求如图 3-18 所示。

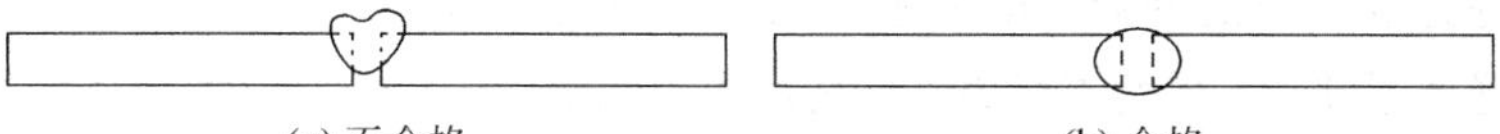

图 3-18 对定位焊的要求

若遇有两种不同厚度工件定位焊时，火焰要侧重于较厚工件一边加热，否则，薄件容易烧穿。

定位焊后，为了防止角变形，并使焊缝背面均匀焊透，可采用焊件预放反变形法，即将焊件沿接缝线向下折成 160°左右，如图 3-19 所示。

5. 平板对接操作练习

(1) 焊接时，采用中性火焰，使焰心尖端与工件表面的距离保持在 2～4mm。

(2) 焊炬的倾角在焊接过程中是需要改变的，如图 3-20 所示。在焊接刚开始时工件温度尚低，为了较快地加热焊件和形成熔池，采用的焊炬倾角为 80°～90°，焊嘴与工件接近于垂直，使火焰的热量集中，尽快使起头处表面熔化。正常焊接时，一般保持 α 为 30°～50°。当焊接结束时，为了更好地填满弧坑和避免焊穿，可将焊炬的倾角减至 20°，使焊炬对准焊丝加热，并使火焰上下摆动，断续地对焊丝和熔池加热。

图 3-19 预放反变形

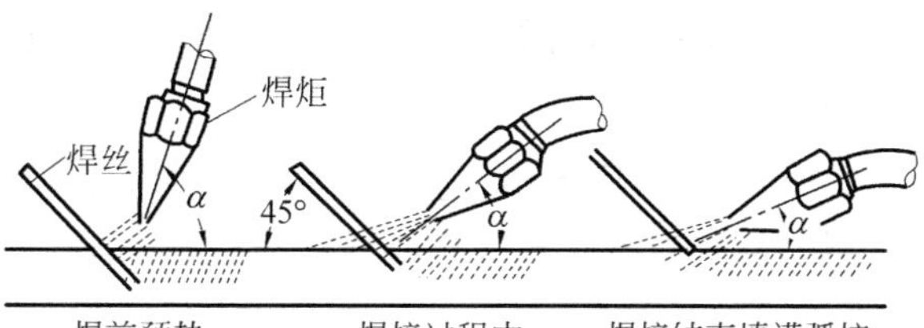

图 3-20 焊接过程中焊炬倾角的变化

(3) 气焊开始时，一定要把工件加热到熔化，形成熔池后再添加焊丝；焊丝应往熔池插入，随即提起，再插入，如此反复。在焊件没有熔化形成熔池时，不能用火焰将焊丝熔化滴下去，这样会产生未熔合。

(4) 焊接时采用左焊法。左焊法是指焊接热源从接头右端向左端移动，并指向待焊部分的操作方法，如图 3-21 所示。其优点是焊工能清楚地看到熔池，操作方便，容易掌握，可以获得尺寸均匀的焊缝，应用最普遍。其缺点是焊缝易氧化，冷却较快，因此适于焊接 5mm 以下的薄板和低熔点的金属。

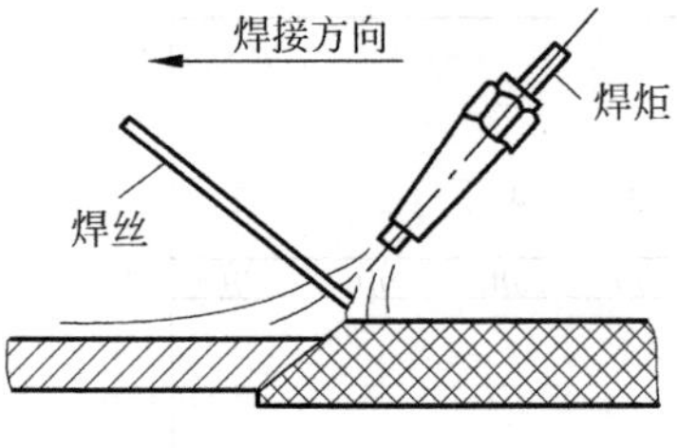

图 3-21 左向焊法

(5) 焊缝接头和收尾。焊接中断后继续焊接时，应用火焰将熔池周围充分加热，待原熔池及附近焊缝金属中心熔化，形成熔池，方可添加焊丝，并注意所焊焊缝与原焊缝金属充分熔合。

焊接结束时，应减小焊嘴倾角，将火焰上下起落几次，多添加焊丝，以填满弧坑，可以避免烧穿，又利于气泡逸出熔池，防止产生气孔。

四、考核要求

(1) 熟练完成气瓶的开启、压力调节、点火及火焰调节。

(2) 焊缝要求平直，宽度差≤2mm，高度差≤2mm。

(3) 焊缝表面没有裂纹、过烧、氧化、未熔合、气孔缺陷。

复习思考题

一、填空题

1. 乙炔瓶在使用时，必须________放置，否则容易引起燃烧或爆炸。

2. 氧气瓶外表涂________色，并标注________色的“氧气”字样；乙炔瓶外表是________色，并标注________色的“乙炔”字样。

3. 根据氧与乙炔混合比的大小不同，可得到________、________和________三种不同的火焰。

4. 通常要采用气焊熔剂，以消除熔池中的________，改善被焊金属的________等。

5. 气焊薄板时，定位焊缝的长度和间距应视焊件的________和焊缝________而定。

6. 薄板定位焊后，将焊件沿接缝处向下折成一定的角度，叫________法，以防止焊件焊后角变形。

7. 气焊薄板时，应采用________焊法，焊接速度随焊件________情况而变化的；采用________焰，火焰对准接缝的中心线，焊丝位于焰心前下方________ mm 处，焊炬和焊丝要作上下跳动的目的是调节________温度，使得焊件熔化良好，并控制液态金属的流动，保持焊缝成形美观。

二、判断题

1. 减压器若有冻结现象绝不能用火焰烘烤。 ( )
2. 左向焊法比右向焊法易使焊缝氧化,冷却较快,热量利用率低。 ( )
3. 中性焰适用于低碳钢及要求焊接过程中对熔化金属渗碳的金属材料。 ( )
4. 气焊低碳钢不需气焊熔剂,而焊接不锈钢、铝及铝合金、铸铁等必须用气焊熔剂。 ( )
5. 液化石油气在氧气中的燃烧速度约是乙炔中的一半,完全燃烧所消耗的氧气量比使用乙炔时大。 ( )
6. 当工件较薄时,定位焊应从工件中间开始,定位焊缝的长度一般为5～7mm,间隔50～100mm。 ( )

三、选择题

1. 气焊高碳钢时,宜用( )来进行。
   A. 中性焰 B. 氧化焰 C. 碳化焰
2. 气焊黄铜时,宜用( )来进行。
   A. 中性焰 B. 氧化焰 C. 碳化焰
3. 在氧乙炔火焰中,氧气起( )作用。
   A. 助燃 B. 燃烧 C. 助燃和燃烧
4. 乙炔瓶的最高工作压力为( )MPa。
   A. 1.5 B. 15 C. 0.5
5. 焊丝直径过细,很快熔化下滴,而焊件未及时熔化,则容易产生( )缺陷。
   A. 未熔合 B. 咬边 C. 气孔
6. 氧气瓶不应放空,气瓶内必须留有( )MPa 的剩余压力。
   A. 0.05～0.06 B. 0.1～0.2 C. 0.5～0.6 D. 0.3～0.4
7. H01-6 属于低压焊炬,其可焊接的最大厚度为( )mm。
   A. 1.6 B. 12 C. 0.6 D. 6
8. 气焊是利用气体燃烧热作为热源的一种( )方法。
   A. 锻焊 B. 压焊 C. 气焊 D. 熔焊

四、问答题

1. 什么是气焊?气焊的特点及应用是什么?
2. 乙炔和什么气体混合会发生爆炸?发生爆炸的条件是什么?
3. 焊前怎样确定定位焊点?薄板焊件的定位焊怎样进行?
4. 气焊时,焊道的起头和收尾过程中焊炬倾斜角如何变化?
5. 气焊对接焊缝的表面质量有哪些要求?

项目4

低碳钢板气割技能训练

气割是利用气体火焰的热能，将工件切割处预热到一定温度后，喷出高速切割氧流，使其燃烧并放出热量实现切割的方法，如图 4-1 所示。

图 4-1　气割

学习目标

完成本项目学习后，你应当能：

1. 掌握常用手工气割的特点和应用。
2. 掌握手工气割的常用工具和设备的使用。
3. 掌握手工气割的焊接工艺参数及其选择。
4. 掌握手工气割的操作技能。

4.1　气割特点及应用

一、气割的原理

氧气切割过程包括三个阶段：气割开始时，用预热火焰将起割处的金属预热到燃烧温度（燃点），向被加热到燃点的金属喷射高压切割氧，使金属剧烈地燃烧，金属燃烧氧化后生成熔渣和产生反应热，熔渣被切割氧吹除，产生的热量和预热火焰热量将下层金属加热到燃点，这样继续下去就将金属逐渐地割穿，随着割炬的移动，就切割成所需的形状和尺寸，如图 4-2 所示。

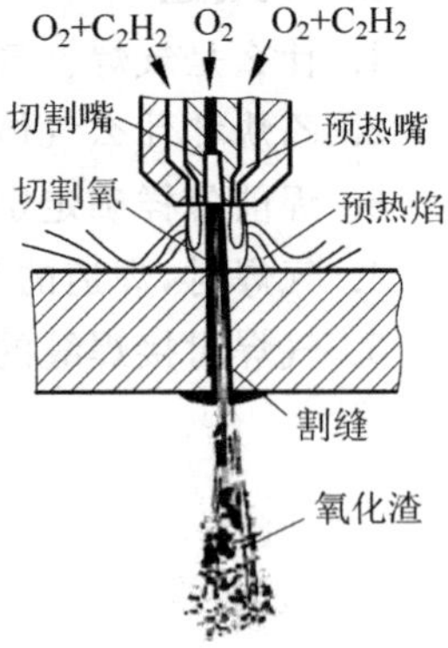

图 4-2　气割的原理图

二、气割的特点

金属的气割过程实质是铁在纯氧中的燃烧过程，而不是熔化过程。气割过程是预热—燃烧—吹渣过程，但并不是所有的金属都能满足这个过程的要求，只有符合下列条件的金属才能进行气割。

(1) 金属的燃点要低于其熔点

这样才能保证先加热到燃点，使金属燃烧以实现气割过程。低碳钢的燃点约为1350℃，熔点为1538℃，因此低碳钢容易实现气割。当碳钢中碳的质量分数为0.7%时，其燃点和熔点都约为1300℃；而当碳的质量分数大于0.7%时，其燃点高于熔点，因此高碳钢不能气割。铸铁、铝和铜及其合金的燃点比熔点高，也不能进行氧气切割。

(2) 金属氧化物熔点要低于金属的熔点

金属氧化物被燃烧热熔化后，再被气流吹除，顺利实现切割过程；且被切割金属不熔化，割口窄小整齐。铝和铜的氧化物的熔点均高于其本身熔点，含铬镍元素较多的不锈钢，其金属氧化物的熔点也高于金属的熔点，不能进行气割。

(3) 金属在切割氧射流中燃烧应该是放热反应

放热反应的结果是上层金属燃烧产生很大的热量，对下层金属起着预热作用。如气割低碳钢时，由金属燃烧产生的热量约占70%，而由预热火焰供给的热量仅为30%。可见金属燃烧时产生的热量是相当大的，所起的作用也很大。相反，如果金属燃烧是吸热反应，则下层金属得不到预热，气割过程就不能进行。

(4) 金属的导热性不应太高

如果被割金属的导热性太高，则预热火焰及气割过程中氧化析出的热量会被传导散失，这样气割处温度急剧下降而低于金属的燃点，使气割不能开始或中途停止。由于铜和铝等金属具有较高的导热性，因而会使气割发生困难。

(5) 金属中阻碍气割过程和提高钢的可淬性的杂质要少

被气割金属中，阻碍气割过程的杂质，如碳、铬以及硅等要少，同时提高钢的可淬性的杂质如钨与钼等也要少。这样才能保证气割过程正常进行，同时气割缝表面也不会产生裂纹等缺陷。

三、气割的应用

气割可以切割工件厚度的范围较宽，可以气割直线，也可气割曲线，但必须满足上述气割条件才能进行气割。因此，低碳钢、中碳钢和低合金钢气割性能良好，广泛采用气割。而铸铁、铝和铜及其合金、不锈钢不具备气割条件，均不能用一般气割方法进行切割，但可以采用等离子切割获得高质量的割缝。

4.2 气割设备与工艺

一、气割设备

气割的设备大体与气焊的设备相同，不同之处在于用割具代替焊炬，可以用丙烷代替乙炔。

1. 割炬

割炬(又称割枪),与焊炬不同点在于,割炬比焊炬多了切割氧阀和气管,如图 4-3 所示。

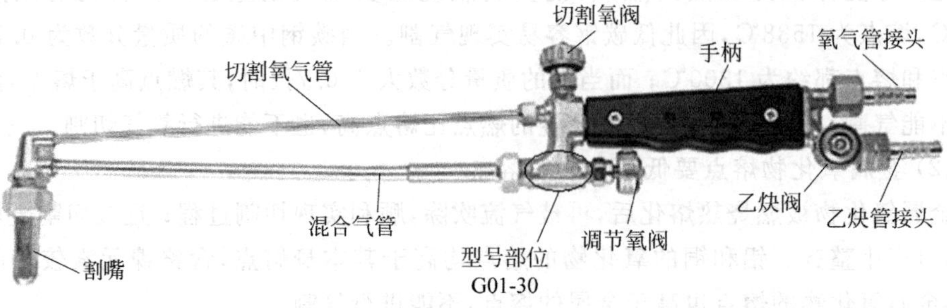

图 4-3 割炬

常用的割炬型号有 G01-30、G01-100 和 G01-300 等。型号位于割炬手柄左下方,其中“G”表示割炬,“0”表示手工,“1”表示射吸式,“30”表示最大气割厚度为 30mm。同焊炬一样,各种型号割炬均配备几个不同大小的割嘴。普通割炬及其技术参数见表 4-1。

表 4-1 普通割炬及其技术参数

割炬型号	切割厚度/mm	氧气压力/Pa	可换割嘴/个	割嘴孔径/mm
G01-30	2～30	$(2\sim3)\times10^5$	3	0.6～1.0
G01-100	10～100	$(2\sim5)\times10^5$	3	1.0～1.6
G01-300	100～300	$(5\sim10)\times10^5$	4	1.8～3.0

2. 丙烷与乙炔的比较

(1) 丙烷气与乙炔相比不易发生回火,燃点高,本身性质稳定,所以其安全性能优于乙炔,在完全燃烧的情况下,使用丙烷气作气割用燃气可比乙炔节约成本。

(2) 两种燃气用于钢板气割时的对比试验表明,丙烷气的耗氧量、耗气量较乙炔少,切割速度与乙炔相当,但预热时间较长。

(3) 实际用丙烷代替乙炔进行钢板气割,气割成本随板厚不同而变化,切割厚钢板时节约成本更显著,并且安全性更好。

二、气割工艺

气割工艺参数主要包括切割氧压力、气割速度、预热火焰能率、割嘴大小、割嘴与割件的倾斜角度、割嘴至割件表面的距离等。气割工艺参数的选择正确与否,直接影响到切口表面的质量,而气割工艺参数的选择又主要取决于割件厚度。

1. 气割氧压力

在割件厚度、割嘴型号、氧气纯度都已确定的条件下,气割氧压力的大小对气割有极大影响。如氧气压力不够,氧气供应不足,则会引起金属燃烧不完全,这样不仅降低气割速度,而且不能将熔渣全部从割缝处吹除,使割缝的背面留下很难清除干净的挂渣,甚至会出现割不透现象。如果氧气压力过高，则过剩的氧气起了冷却作用，不仅影响气割速度，而且使割口表面粗糙，割缝加大，同时也使得氧气消耗量增大。

2. 气割速度

气割速度与工件厚度有关。一般而言，工件越薄，气割的速度越快，反之则越慢。气割速度还要根据切割中出现的一些问题加以调整：当看到氧化物熔渣直往下冲或听到割缝背面发出“噗噗”的气流声时，便可将割枪匀速地向前移动；如果在气割过程中发现熔渣往上冲，说明未割穿。

3. 预热火焰能率

预热火焰的作用是把金属割件加热，并始终保持金属能在氧气流中燃烧，同时使钢材表面上的氧化皮剥离和熔化，便于切割氧射流吹除下层金属。气割时，预热火焰均采用中性焰，或轻微的氧化焰，不能使用碳化焰，因为碳化焰中有剩余的碳，会使割件的切割边缘增碳。

4. 割嘴大小

气割不同厚度的钢板时，割嘴的选择和氧气工作压力调整，与气割质量和工作效率都有密切的关系。

5. 割嘴与割件表面的距离和角度

在气割过程中，虽然割嘴与割件表面的距离越近，越能提高火焰能量利用率、切割速度和质量，但是距离过近，预热火焰会将割缝上缘熔化，被剥离的氧化皮会崩起来堵塞割嘴孔造成逆烧、回火现象，甚至烧坏割嘴，在通常情况下其距离为 3～5mm。

注意割炬与工件间应有一定的角度，如图 4-4 所示。当气割 5～30mm 厚的工件时，割炬应垂直于工件；当工件厚度小于 5mm 时，割炬可向后倾斜 5°～10°；若厚度超过 30mm，在气割开始时割炬可向前倾斜 5°～10°，待转入正常切割后再使割嘴垂直工件。

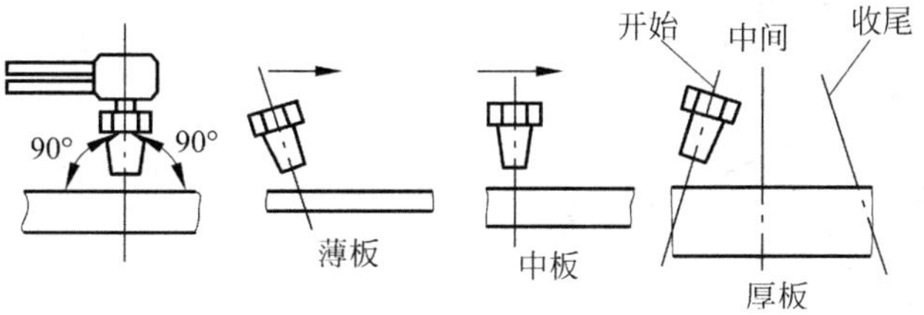

图 4-4 割炬与工件间的角度

4.3 低碳钢板气割技能训练

一、训练目的与要求

训练气割低碳钢直线切割的操作技术。

要求能对低碳钢进行直线切割，能正确处理“回火”现象。

二、训练准备工作

(1) 练习工件：8～12mm 厚 Q235B 低碳钢板 1 块，尺寸 450mm×250mm。

(2) 气割设备：氧气瓶、丙烷瓶(或乙炔瓶)、回火防止器、氧气减压器、丙烷减压器(或乙炔减压器)、割炬。

(3) 气割材料：氧气和丙烷(乙炔)。

(4) 辅助工具：气焊眼镜、活扳手、通针、点火枪或打火机等。

三、操作步骤与要领

1. 气割前准备

在工件上用石笔画好直线；将割件距地面垫高 200mm 左右平放好，以便切割气流冲出来时不致遇到阻碍，同时还可散放氧化物；在工件与水泥地面间放入钢板(气割不能在水泥地面上进行，以防水泥爆溅伤人)；检查气瓶、回火防止器和割炬等的工作状态与连接处是否正常及安全；开启气瓶，调节减压器到所需压力。

2. 操作姿势

气割时要蹲在偏向工件的右侧，双脚成外八字，两个手臂各靠住膝盖，左臂放在两腿之间，以便于切割时移动，如图 4-5 所示。右手握住割炬手把，并以右手的大拇指和食指握住预热氧调节阀，以便于调整预热火焰，一旦发生回火还可及时切断预热氧。左手的大拇指和食指握住切割氧调节阀，便于切割氧的调节，其余三个手指托住射吸管，以掌握方向并使割炬与工件保持垂直，如图 4-6 所示。

图 4-5　气割下蹲姿势

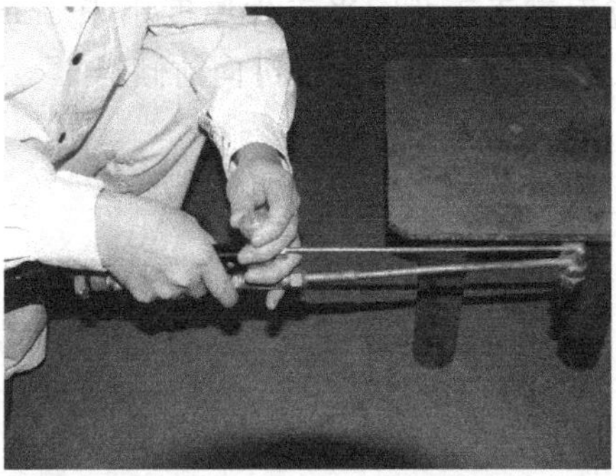

图 4-6　气割手握割炬姿势

3. 气割操作要点

气割过程可分为三个步骤，边缘预热，如图 4-7(a)所示；起割转入正常切割，如图 4-7(b)所示；尾端切割，如图 4-7(c)所示。

先用预热火焰加热开始端边缘(此时高压氧气阀是关闭的)，预热时间应视金属温度情况而定，一般加热到工件表面接近熔化(表面呈橘红色)但是又没熔化的状态。如果预热的起始端切割不穿，说明预热温度太低，应关闭高压氧继续预热，同时要注意控制好预

(a) 边缘预热　(b) 正常切割　(c) 尾端切割

图 4-7　气割过程的三个步骤

热后割炬移到边缘外侧以及转入切割状态的时间，要尽可能短，不能等工件降温了才打开高压氧阀进行起割。然后将割炬马上移到待割工件边缘外侧，逐渐打开高压氧气阀门的同时慢慢移入待割工件，并保持割嘴与工件表面距离，开始移动起割。当看到割件下面火花四溅时说明割件已被烧穿，即可稍微加大高压氧流继续移动转入正常切割，同时能听见割件下面发出断断续续的"噗噗"声，说明工艺参数选择得当。

切割接近末端时，割嘴应向气割方向后倾一定角度，使割缝下部的钢板先烧穿，同时注意工件的下落位置，最后将钢板全部割穿；气割过程完毕后，应迅速关闭高压氧阀，并将割炬抬起，再关闭乙炔阀，最后关闭调节氧阀。

4. 提高气割切口表面质量的途径

切割氧压力大小要适当，预热火焰能率要适当，气割速度要适当，割炬要平。

四、考核要求

(1) 熟练完成气瓶的开启，完成气割的点火和火焰调节。

(2) 切口表面应光滑干净，割纹要粗细均匀。

(3) 气割的氧化铁挂渣少，且容易脱落，切割表面光滑干净。

(4) 气割切口的缝隙较窄，而且宽窄一致。

(5) 气割切口的钢板边缘没有熔化现象，棱角完整。

(6) 切口应与割件平面垂直，不能有未割透、没分离的现象。

复习思考题

一、填空题

1. 金属气割过程的实质是金属在纯氧中的________过程，而不是________过程。

2. 气割工艺参数主要包括________、________、________、________和________等。

3. 气割氧气的压力随割件厚度的增加而________，或随割嘴代号的增大而________。

4. 气割割嘴与割件倾角方向随割件厚度而定，当割件厚度小于5mm时，割嘴倾角方向为________；当割件厚度为5～30mm时，割嘴倾角方向为________；当割件厚度大于30mm开始起割时，割嘴倾角为________，割穿后，割嘴倾角为________方向，停割时，应将割嘴________。

5. 割炬型号G01-30中，G表示________，0表示________，1表示________，30表示________。

二、判断题

1. 钢材含碳量越高，其氧气气割性能越好。（ ）
2. 氧气切割的实质是被割材料在纯氧中燃烧而不是熔化。（ ）
3. 铸铁不能用氧气切割，因其燃点高于熔点。（ ）
4. 气割时，上层金属产生的热量对下层金属起着预热的作用。（ ）
5. 控制好气割的速度，气割的后拖量是可以避免的。（ ）
6. 气割时，预热火焰应采用中性焰或碳化焰。（ ）

三、选择题

1. 氧气切割过程中，金属燃烧应是（ ）反应。

A. 吸热　B. 放热　C. 还原　D. 无要求

2. 下列金属材料中，（ ）能采用氧气切割。

A. 中碳钢　B. 不锈钢　C. 铜　D. 铸铁

3. 割嘴与割件表面的距离一般为（ ）mm。

A. 3～5　B. 5～8　C. 8～10　D. 10～12

4. 气瓶在使用后不得放空，必须留有不小于0.1～0.2MPa的余气，其目的不包括（ ）。

A. 便于灌气前检查气样　B. 搬运方便

C. 吹除瓶嘴尘土脏物　D. 防止空气进入瓶内

5. 焊割作业中的火灾事故多为（ ）造成的。

A. 熔化金属和熔渣飞溅火花引燃　B. 未穿戴好劳防用品

C. 焊机没有接地接零　D. 工作环境温度过低

四、问答题

1. 气割的基本原理是什么？
2. 金属气割的条件是什么？是否所有金属都可以采用气割下料？
3. 气割的工艺参数如何确定？
4. 简述气割操作的要点。
5. 提高气割切口表面质量的途径有哪些？

项目5

焊条电弧焊引弧技能训练

焊条电弧焊是利用手工操作焊条进行焊接的电弧焊方法，简称手弧焊，如图 5-1 所示。操作时，焊条和焊件分别作为两个电极，利用焊条与焊件之间产生的电弧热来熔化焊件金属，冷却后形成焊缝。

图 5-1　手工电弧焊操作图

引弧是焊接过程的开始，也是焊接作业中频繁进行的动作。引弧技术对焊缝质量有直接影响，因此必须给予足够的重视，掌握焊接基本功应从引弧开始。

学习目标

完成本项目学习后，你应当能：

1. 了解焊条电弧焊的特点及应用。
2. 掌握常用电弧焊设备的型号及应用。
3. 掌握焊条电弧焊引弧的操作方法和要点。

5.1 焊条电弧焊特点及应用

一、焊条电弧焊特点

在焊条电弧焊过程中，焊条药皮熔化分解产生气体和熔渣，有效地排除焊接区空气的有害影响，并通过高温下熔化金属与熔渣之间的化学冶金反应，还原和净化金属，得到优质的焊缝。焊条电弧焊气体和熔渣对金属的有效保护称为气渣联合保护。

焊条电弧焊与其他的熔焊方法相比，具有下列特点。

1. 操作灵活，适应性强

焊条电弧焊操作灵活，是应用最广泛的连接金属的焊接方法之一。焊条电弧焊无论是在车间内，还是在野外施工现场均可采用。焊条电弧焊由于其设备简单、移动方便、电缆长、焊钳轻，因而广泛应用于平焊、立焊、横焊、仰焊等各种空间位置的焊接。

2. 对焊接接头装配要求低

焊接过程中焊工可根据不同的情况适时调整焊接位置和运条手法，以保证焊缝表面质量和均匀熔透，因此对焊接接头的装配要求相对较低。

3. 可焊金属材料广

焊条电弧焊广泛应用于低碳钢、低合金结构钢的焊接；选配相应的焊条，也常用于不锈钢、耐热钢、低温钢等合金结构钢的焊接；又可用于铸铁、铜合金、镍合金材料的焊接，以及耐磨损、耐腐蚀等特殊使用要求的构件进行表面层堆焊。

4. 熔敷速度低

焊条电弧焊与其他的电弧焊相比，由于其使用的焊接电流小，每焊完一根焊条后必须更换焊条，以及因清渣而停止焊接等，故这种焊接方法的熔敷速度低，生产率低。

5. 劳动条件差、强度大

焊接操作全部为手工完成，而且焊接时存在高温、弧光、烟尘、有害气体等因素，因而焊工劳动条件差，劳动强度也较大。

二、焊条电弧焊的应用

焊条电弧焊可应用于钢板厚度为 0.5～150mm 的各类接头和堆焊，铝、铜及其合金板厚大于 1mm 的对接焊，铸铁补焊，硬质合金的堆焊等。

5.2 焊条电弧焊设备

一、焊条电弧焊电源的分类及特点

焊条电弧焊电源一般有两大类：交流弧焊电源、直流弧焊电源。

各种电源的特点和应用见表5-1。

表5-1　焊接电源的特点和应用

电源类型		输出及电弧的特点	运行特点	适用范围
交流弧焊电源	弧焊变压器	输出正弦交流电流；具有陡降性的外特性；稳弧性较差，焊接时没有磁偏吹现象	一般为单相供电，电网电压波动的影响较小，功率因数较低，空载损耗少、噪声小、结构简单易维修	主要用于焊条电弧焊电源，也可用于铝合金的钨极氩弧焊等焊接电源，如使用酸性焊条焊接一般的焊接结构
	矩形波交流弧焊电源	输出矩形波交流电流；电弧稳定性好；外特性可调为下降特性、缓降特性等，易实现交直流两用	可分为单相或三相供电，有良好的电网波动补偿能力，功率因数较高，空载损耗少、噪声小	可用于焊条电弧焊、交流钨极氩弧焊等焊接电源，也可替代普通直流电源，用于焊接较重要结构
直流弧焊电源	硅整流弧焊整流器	输出为直流电；其外特性为下降特性；稳弧性较好；焊接参数调节范围大；焊接时有磁偏吹现象	一般三相供电，高效节能，但电网电压波动的影响较大，功率因数较高，空载损耗少、噪声小	可用于焊条电弧焊、直流钨极氩弧焊等焊接电源，使用酸性焊条和碱性焊条均可
	晶闸管式弧焊整流器	输出为直流或直流脉冲电流；可获得所需的各种外特性，稳弧性好，焊接参数调节范围大	一般为三相供电。高效节能，功率因数较高，空载损耗少、噪声小，使用的电子元件较多，电路复杂	可用于焊条电弧焊、各种气体保护焊、埋弧焊等焊接电源，适用于所有牌号焊条
弧焊逆变器		具有良好的动特性和弧焊工艺性能，调节速度快，所有焊接工艺参数均可无级调节，可用微机或单旋钮控制调节	一般为三相供电，体积小、重量轻，空载损耗较少，整个电路可提供程序控制，有良好的电网波动补偿能力	可用于焊条电弧焊、各种气体保护焊、等离子弧焊等多种弧焊方法焊接，可用于焊接重要结构，特别适合做流动工作场合的电源

二、电焊机型号编制方法

1. 电焊机型号的编制方法

根据GB/T 10249—2010《电焊机型号编制方法》的规定，电焊机产品型号由汉语拼音及阿拉伯数字组成。

(1) 产品型号的编排秩序如下。

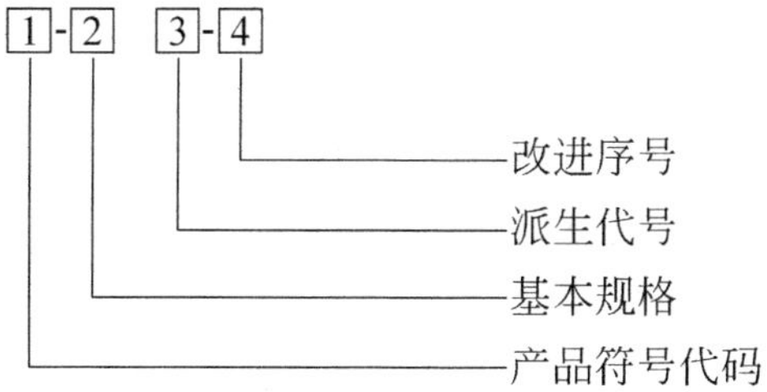

（2）产品符号代码的编排秩序如下。

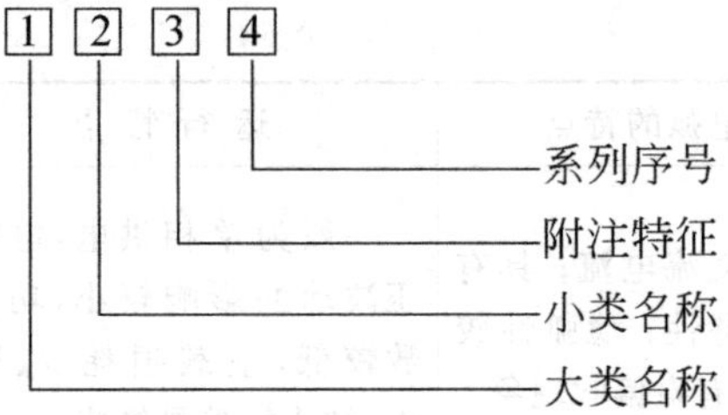

2. 常用的电弧焊机的型号含义

常用的电弧焊机的型号含义见表 5-2。

表 5-2 部分产品型号的符号代码含义

产品名称	第一字母		第二字母		第三字母		第四字母	
	代表字母	大类名称	代表字母	小类名称	代表字母	附注特征	数字序号	系列序号
电弧焊机	B	交流弧焊机 （弧焊变压器）	X P	下降特性 平特性	L	高空载电压	省略 1 2 3 4 5 6	磁放大器电抗器式 动铁心式 串联电抗器式 动圈式 晶闸管式 变换抽头式
	A	弧焊发电机	X P D	下降特性 平特性 多特性	省略 D Q C T H	电动机驱动 单纯弧焊发电机 汽油机驱动 柴油机驱动 拖拉机驱动 汽车驱动	省略 1 2	直流 交流发电机整流 交流
	Z	直流弧焊机 （弧焊整流器）	X P D	下降特性 平特性 多特性	省略 M L E	一般电源 脉冲电源 高空载电压 交直流两用电源	省略 1 2 3 4 5 6 7	磁放大器电抗器式 动铁心式 动线圈式 晶体管式 晶闸管式 变换抽头式 逆变式
	M	埋弧焊机	Z B U D	自动焊 半自动焊 堆焊 多用	省略 J E M	直流 交流 交直流 脉冲	省略 1 2 3 9	焊车式 横臂式 机床式 焊头悬挂式
	N	MIG/MAG 焊机	Z B D U G	自动焊 半自动焊 点焊 堆焊 切割	省略 M C	直流 脉冲 二氧化碳气体保护焊	省略 1 2 3 4 5 6 7	焊车式 全位置焊车式 横臂式 机床式 旋转焊头式 台式 焊接机器人 变位式

例 1：

BX1-330

- 额定电流330A（330）
- 动铁心式系列（1）
- 下降外特性（X）
- 弧焊变压器（B）

例 2：

ZX5-400

- 额定电流400A（400）
- 晶闸管式系列（5）
- 下降外特性（X）
- 弧焊整流器（Z）

三、常用焊接电源

1. 弧焊变压器

(1) 弧焊变压器的原理与特点

弧焊变压器是常用的交流弧焊机，它是一种具有下降外特性的降压变压器，并具有调节和指示电流的装置，如图 5-2 所示。

(2) 弧焊变压器的主要技术参数

弧焊变压器的主要技术参数有一次电压、一次电流、空载电压、工作电压、额定负载持续率、额定焊接电流和焊接电流调节范围等。

图 5-2　弧焊变压器

① 一次电压。即一次线圈电压，也是弧焊变压器的输入电压，一般是 380V。

② 空载电压。用于说明焊机性能。交流弧焊机空载电压高。电焊机的引弧性能好，电弧稳定。

③ 工作电压。弧焊电源设计计算时设定的有负载时的电压。

④ 负载持续率。弧焊电源工作时会发热，温升高会使线圈绝缘损坏而烧毁。温升与焊接电流大小有关，还与弧焊电源使用状态有关，连续使用与断续使用温升不一样。负载持续率就是用来表示电焊机工作状态的参数。

负载持续率，就是焊机在规定的工作周期中，有负载的时间所占的百分率。

负载持续率＝工作周期中有负载的时间(min)/规定的工作周期(min)×100％

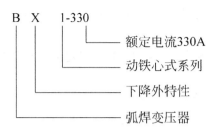

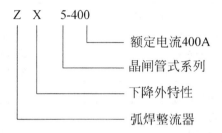

例如，焊条电弧焊电源工作周期是 5min，其中焊接时间 3min，换焊条、敲渣等 2min，

那么此时焊机的负载持续率为

$$负载持续率=3/5\times100\%=60\%$$

⑤ 额定焊接电流。弧焊电源在额定负载持续率工作条件下允许使用的最大焊接电流，称为额定焊接电流。负载持续率越大，即在规定的工作周期中焊接时间越长，则焊机许用电流越小。

(3) 弧焊变压器常见故障及排除方法

弧焊变压器常见故障及排除方法见表 5-3。

表 5-3 弧焊变压器常见故障及排除方法

故 障 特 征	产生的原因	排 除 方 法
1. 焊机过热，有焦煳味，内部冒烟	(1) 焊机过载； (2) 线圈短路； (3) 线圈与铁心或外壳接触	(1) 减小使用电流； (2) 消除短路； (3) 修复绝缘
2. 焊接电流不稳定，忽大忽小	(1) 焊接电缆与工件接触不良； (2) 可动铁心随焊机振动而移动； (3) 电网电压波动	(1) 使电缆与工件接触良好； (2) 设法防止可动铁心的移动； (3) 增大电网容量
3. 弧焊变压器噪声过大	(1) 铁心叠片紧固螺栓未拧紧； (2) 动、静铁心间隙过大	(1) 旋紧螺栓； (2) 铁心重新叠片
4. 焊机外壳带电	(1) 电源线误碰罩壳； (2) 焊接电缆误碰罩壳； (3) 焊机内部绝缘损坏； (4) 未装接地线或接地线接地不良	(1) 消除碰壳； (2) 接妥地线； (3) 检查并修复焊机绝缘
5. 焊接电流过小	(1) 焊接电缆太长； (2) 电缆线成盘； (3) 接线柱或焊件与电缆接触不良	(1) 减小电缆长度或加粗其截面； (2) 放开电缆，不要使之成盘 (3) 使接头处接触良好

2. 弧焊整流器

把交流电变为直流电的弧焊电源称为弧焊整流器。根据整流元件和工作原理不同，弧焊整流器主要有硅弧焊整流器、晶闸管式弧焊整流器和弧焊逆变器三类。

图 5-3 硅弧焊整流器

(1) 硅弧焊整流器

以硅二极管作为整流元件，因此称为硅弧焊整流器，主要由主变压器（降压变压器）、外特性调节机构、整流器和输出电抗器等部分组成，如图 5-3 所示。

(2) 晶闸管式弧焊整流器

该弧焊整流器由主变压器、晶闸管组、输出电抗器和控制电路等部分组成，如图 5-4 所示。晶闸管组既起整流器的整流作用，同时通过控制电路的反馈信号改变晶闸管的导通角，从而实现外特性的调节和焊接电流、电压的调节。

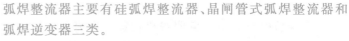

晶闸管式弧焊整流器与硅弧焊整流器相比，具有动特性好、结构简单、节电省料、调节方便等优点。我国电焊机 ZX5 系列属于晶闸管式弧焊整流器，型号如 ZX5-250、ZX5-300、ZX5-400 等，是目前生产中应用较多的直流弧焊电源。

(3) 弧焊逆变器

弧焊逆变器又称为逆变焊机，是近些年来发展起来的一种弧焊电源，如图 5-5 所示。其特点是体积小、重量轻、高效节能、动特性和调节性能好；设备费用较低，但对制造技术要求高。我国电焊机 ZX7 系列属于弧焊逆变器，型号有 ZX7-250、ZX7-300、ZX7-400 等，是弧焊电源的换代产品，正在成为弧焊电源的主流产品。

图 5-4　晶闸管式弧焊整流器

图 5-5　弧焊逆变器

弧焊逆变器的基本工作原理是：工频交流电经整流器整流为直流电，经过滤波后通过逆变器大功率开关电子元件的交替开关作用，逆变为几千到几万赫兹的中高频交流电，再通过中高频焊接变压器降压、输出整流器整流和输出电抗器滤波，将中高频交流电变为适合焊接的直流电。外特性的控制和焊接电流、电压的调节通过电子控制电路实现。

(4) 弧焊整流器的接法与应用

弧焊整流器属于直流焊机，其输出端有正负极之分。焊件接直流焊机的正极，焊条(焊丝、钨极)接负极的接线法称为直流正接，如图 5-6(a)所示；反之，称为直流反接，如图 5-6(b)所示。

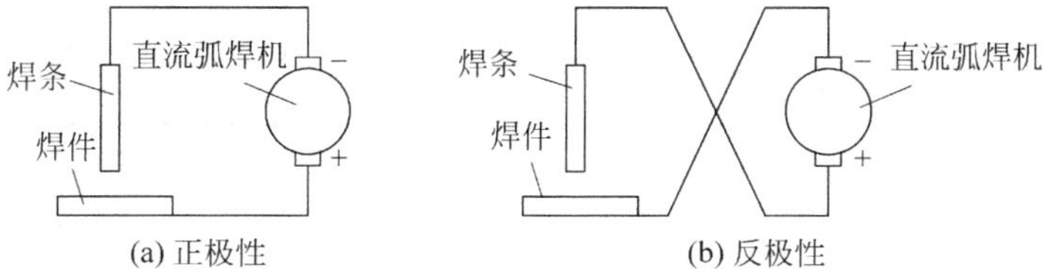

图 5-6　焊机的极性

焊条电弧焊使用碱性焊条时，应直流反接；使用酸性焊条和直流焊机时，焊接薄板一般用直流反接，焊接中厚板时用直流正接。

5.3 焊条电弧焊的引弧方法

一、握焊钳的方法

握焊钳有正握法和反握法两种，如图 5-7 所示。一般在操作方便的情况下均用正握法。当焊接部位距地面较近使焊钳难以摆正时采用反握法。正握法在焊接时较为灵活，活动范围大，尤其是在立焊位置时便于控制焊条摆动的节奏。

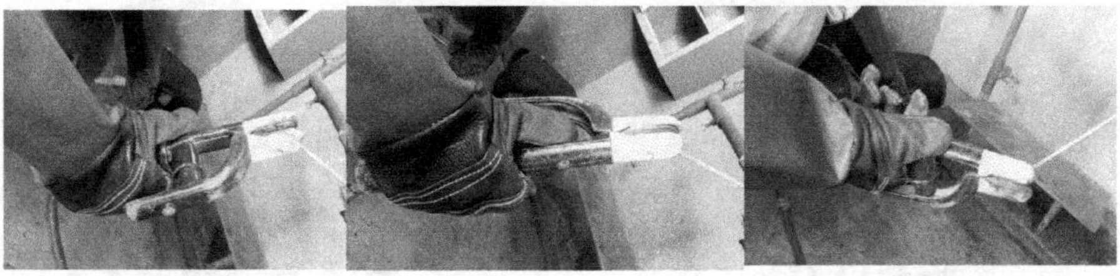

图 5-7 握焊钳的方法

二、引弧方法

1. 划擦引弧法

先将焊条末端对准焊件，然后像划火柴似的，将焊条在焊件表面划擦，当焊条与焊件接触引燃电弧后立即提起，保持电弧在 2～3mm 的高度，此时电弧能稳定地燃烧，如图 5-8 所示。

2. 直击引弧法

先将焊条垂直对准焊件，然后焊条碰击焊件，出现弧光后迅速将焊条提起 2～3mm，产生电弧后保持电弧稳定燃烧，如图 5-9 所示。

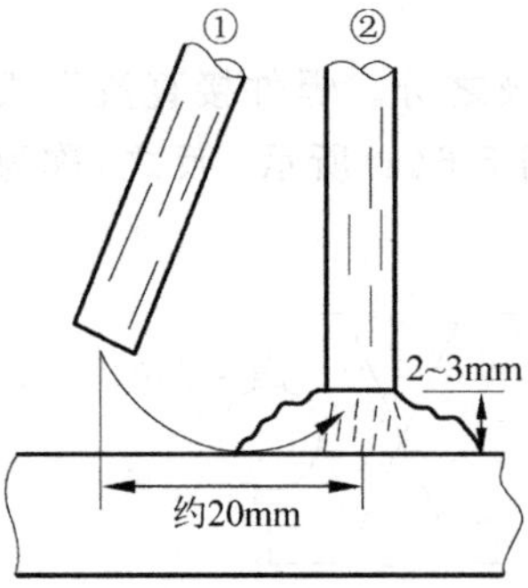

图 5-8 划擦引弧法

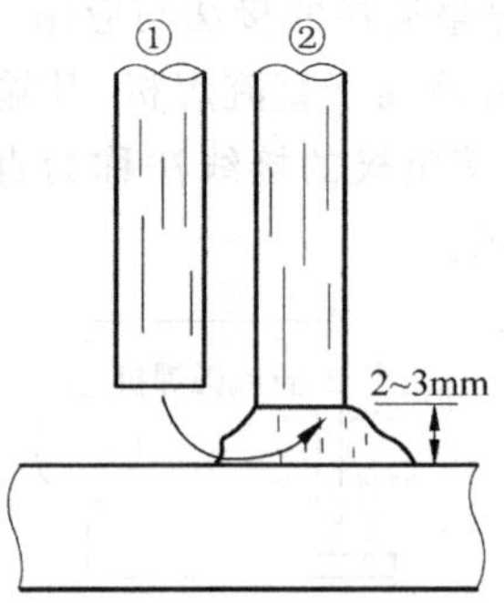

图 5-9 直击引弧法

对初学者来说直击法掌握较困难，引弧时如果动作太快或将焊条提得太高，就不能引燃电弧，或者是引燃电弧但瞬间又熄灭；相反，如果动作太慢就容易使焊条与工件粘在一起，使焊接回路发生短路现象。

5.4　引弧技能训练

一、训练目的与要求

训练引弧的基本操作，提高引弧的成功率。

二、训练准备工作

(1) 练习焊件：材质 Q235B，尺寸 150mm×100mm×6mm。

(2) 焊条：型号 E4303(J422)，直径 ϕ3.2mm。

(3) 焊接设备及工具：焊机 BX1-300 或 ZX7-300。

(4) 辅助工具：钢丝刷、敲渣锤、石笔、钢直尺等。

三、操作步骤与要领

引弧的操作步骤、要领及技术要求见表 5-4。

表 5-4　引弧的操作步骤、要领及技术要求

操作步骤	操 作 要 领	技 术 要 求
焊件准备	用钢丝刷将工件表面污物和氧化皮稍作清理，使待焊处稍露金属光泽，用石笔和钢板尺在焊件表面画好引弧线 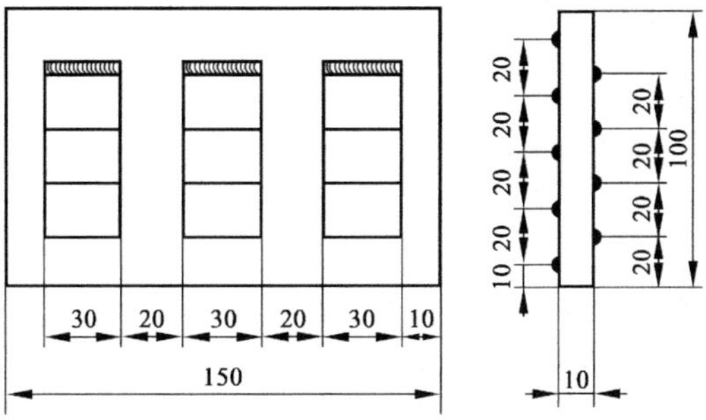	引弧线长度 30mm，间距 20mm
焊机准备	接通焊机电源，调整焊接电流。酸性焊条交流、直流焊接都可以。碱性焊条采用直流反接	焊接电流 90～125A
下蹲姿势	双脚跟着地蹲稳，上半身稍向前倾但不能扶靠大腿，手臂不能搁靠腿旁，右臂应能自由移动。焊件在人体正前方，稍靠近身体 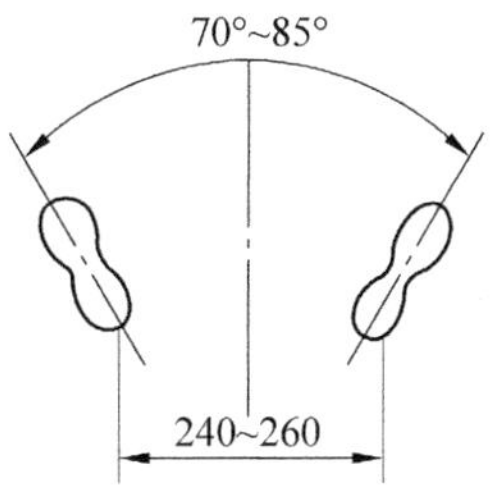	重心要稳，手臂运条自如

续表

操作步骤	操作要领	技术要求
夹持焊条	右手正握焊钳，焊条与焊钳垂直。钳口与焊件保持水平，手腕向右侧倾斜，焊钳位置在视线右侧以便观察熔池	便于夹持和更换焊条
引弧准备	找准焊件上的引弧线，将焊条头对准引弧点，左手持面罩，遮住面部，准备引弧 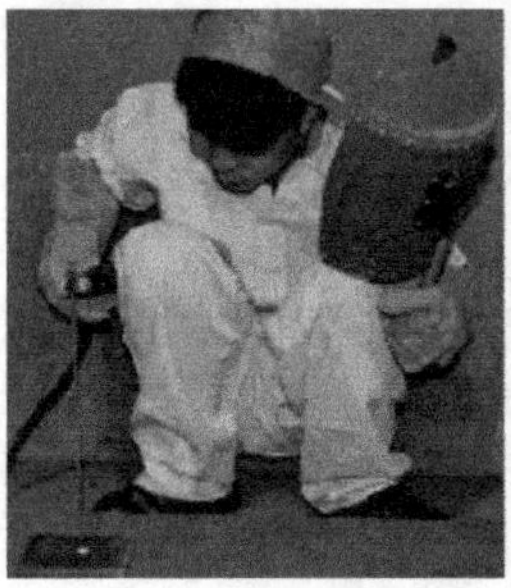 	焊条头应在引弧点上方10mm左右位置
划擦引弧	采用划擦法引燃电弧 	弧长不能超过焊条直径
焊条下送	电弧引燃后，当看到焊条开始熔化，电弧逐渐变长时，焊条应随着熔化而相应地下送，以保持弧长基本稳定	电弧稳定
电弧直线移动	当在焊件表面形成熔池后，使焊条向焊接方向倾斜并做直线移动。当焊缝长度达到30mm时，拉长电弧使之熄灭，然后重新引弧，反复练习。焊条与焊件成75°～80°的夹角 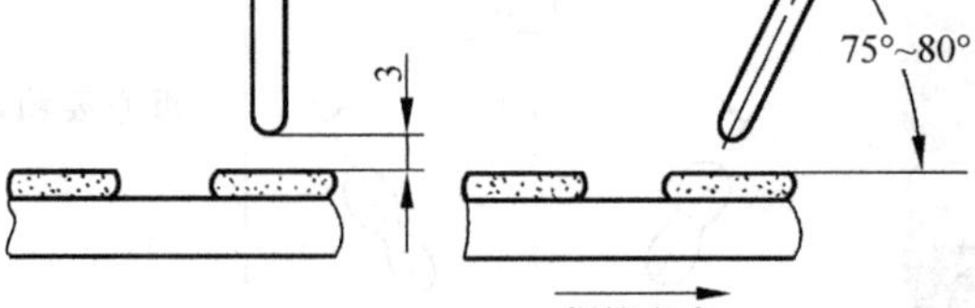	焊条下送和沿焊接方向的直线移动速度要均匀，配合要协调； 焊缝基本平直，焊缝宽度8～10mm，余高2～4mm

四、引弧注意事项

(1) 引弧前,如果焊条端部有药皮套筒,要将套筒去除,这样引弧较为便捷。

(2) 在引弧过程中,如果焊条与焊件粘在一起,通过晃动不能取下焊条时,应该立即将焊钳与焊条脱离,待焊条冷却后再将焊条扳下来。

(3) 划擦引弧法容易掌握,但在不允许划伤焊件表面情况时,应采用直击引弧法。

五、考核要求

(1) 正确掌握引弧的位置、方法。

(2) 在规定时间内成功引弧次数、引弧的成功率。

(3) 小组成员间的分工与合作。

复习思考题

一、填空题

1. 焊机型号 BX1-330 中的 B 表示________,X 表示________,1 表示________,330 表示________。

2. 焊机型号 ZXG-300 中的 Z 表示________,X 表示________,G 表示________,300 表示________。

3. 负载持续率是指焊机________占________的百分率。

4. 弧焊电源在使用时,不能超过焊机铭牌上规定的负载持续率下允许使用的________,否则会因________而将焊机烧毁。

5. 改变极性和焊接电流的粗调节,必须在________的情况下进行。

6. 握焊钳的方法有________和________两种,当焊接部位距地面较近,焊钳难以摆正或仰焊时采用________,常用的握焊钳的方法为________。

7. 引弧方法有________和________两种。

二、判断题

1. 焊机输出端不能形成短路,否则电源熔丝将被熔断。 ( )

2. 手弧焊时,转动焊机手柄只是调节焊接电流,电弧电压并不产生变化。 ( )

3. 碱性焊条只能选用直流弧焊电源。 ( )

4. 直流反接是指焊条接正极、焊件接负极。 ( )

5. 由于旋转式弧焊发电机耗电量大、噪声强,所以不是理想的弧焊电源,并逐渐被弧焊整流器所代替。 ( )

6. 焊接厚钢板应采用直流正接,焊接薄钢板应采用直流反接。 ( )

7. 引弧的姿势是双脚跟着地蹲稳,上半身稍向前倾但不能扶靠大腿,手臂不能搁靠腿旁,右臂应能自由移动。焊件在人体正前方,稍靠近身体。 ( )

三、选择题

1. 手弧焊接要求焊接电源具有(　　)外特性。

A. 陡降　　B. 平　　C. 上升

2. 焊机铭牌上负载持续率是表明(　　)的。

A. 焊机的极性　　B. 焊机的功率

C. 焊接电流和时间的关系　　D. 焊机的使用时间

3. 焊接时,弧焊变压器过热是由于(　　)造成的。

A. 焊机过载　　B. 焊接电缆线过长　　C. 电焊钳过热

4. 对于任何一种焊接电源,负载持续率越高,则允许使用的(　　)。

A. 电弧电压越低　　B. 电弧电压越高

C. 焊接电流越小　　D. 焊接电流越大

5. (　　)焊接电源最容易由自身磁场引起磁偏吹现象。

A. 交流　　B. 脉冲　　C. 直流

6. 提高弧焊电源的空载电压,(　　)也会相应提高。

A. 电弧稳定性　　B. 焊接电弧电压

C. 焊接热输入　　D. 焊接电源的功率

四、问答题

1. 什么叫焊条电弧焊?

2. 焊条电弧焊有何特点?

3. 引弧方式有哪几种? 各用在什么情况下?

4. 从图 5-10 的焊机铭牌,你能读到哪些信息?

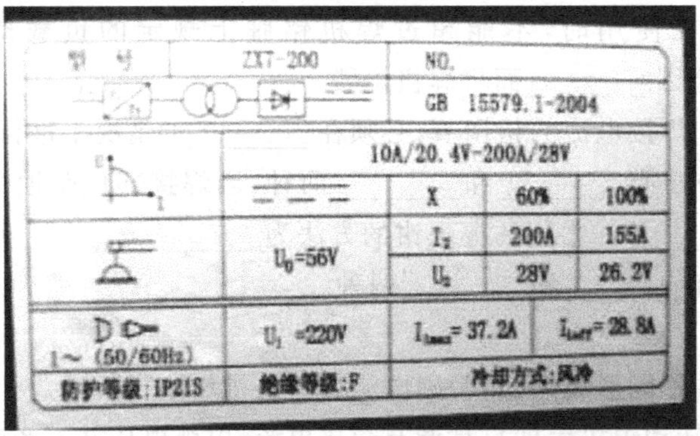

图 5-10　焊接铭牌

项目6

平敷焊技能训练

平敷焊是在平焊位置上堆敷焊道的一种操作方法，如图 6-1 所示。

平敷焊是焊条电弧焊其他位置焊接操作的基础，因此初学者必须熟练掌握焊接的各种运条方法和起头、接头、收尾的操作技能和技巧。

图 6-1　平敷焊

学习目标

完成本项目学习后，你应当能：

1. 正确掌握焊条的作用以及分类。
2. 掌握焊条电弧焊运条的基本方法。
3. 能够进行焊接的起头、收尾、接头。
4. 能够在钢板上进行平敷焊，焊缝的高度和宽度应符合要求，焊缝表面均匀，无缺陷。

6.1　焊条电弧焊焊接材料

焊接材料是焊接时消耗的材料(包括焊条、焊丝、气体、焊剂等)的通称，焊条电弧焊使用的焊接材料是焊条。

一、焊条的作用及组成

焊条是涂有药皮的供焊条电弧焊用的熔化电极。由药皮和焊芯两部分组成。焊条电弧焊时，焊条一方面作为电极与母材间产生持续而稳定的电弧，另一方面作为填充金属进入焊缝。因此焊条的性能与质量将直接影响到焊缝金属的各项性能，对焊接过程的稳定性、焊缝质量、焊接生产率甚至焊接作业环境的劳动卫生和防护均有重要影响。

焊条中被药皮包覆的金属芯称为焊芯。焊芯一般是一根具有一定长度及直径的钢丝。焊接时，焊芯有两个作用：一是传导焊接电流，产生的电弧把电能转换成热能；二是焊芯本身熔化作为填充金属与液体母材金属熔合形成焊缝。

1. 焊芯中各元素的作用

手工电弧焊焊接时，焊芯金属占整个焊缝金属的大部分。所以焊芯的化学成分直接影响焊缝的质量。焊芯中各元素的作用见表 6-1。

表 6-1 焊芯中各元素的作用

元素种类	在焊芯中的作用	焊芯中的含量(质量分数)
碳(C)	碳是钢中必然存在的元素。当含碳量增加时，钢的强度和硬度明显提高，但塑性和韧性会降低。随着含碳量增加，钢的焊接性变差，容易在焊缝中形成气孔、裂纹等焊接缺陷，同时焊接时飞溅也增大	<0.10%
锰(Mn)	锰是一种很好的合金剂。当钢中锰的质量分数在 2%以下时，随含锰量增加，钢的强度和韧性增加。焊接过程中锰是很好的脱氧剂和合金剂，既能减少焊缝中氧的含量，又能与硫化合生成硫化锰起脱硫作用，可以减少热裂纹倾向；还可作为合金元素渗入焊缝，提高焊缝金属的力学性能	0.3%～0.55%
硅(Si)	硅也是一种较好的合金剂，可以提高钢的强度，但含量高时会降低结构的塑性和韧性。焊芯中含硅量增加，会造成焊接过程飞溅增加，并容易产生夹渣和降低焊缝塑性，所以在焊芯中被看作杂质而限制其含量	<0.03%
硫(S)	硫是钢中的有害杂质，会降低焊缝金属的力学性能，并是促使焊缝产生热裂纹的主要元素之一，焊芯中严格控制其含量	≤0.03%
磷(P)	磷也是一种有害杂质，会使钢的冲击韧性大大降低，使焊缝金属产生冷脆现象，是促使焊缝产生冷裂纹的主要元素之一，焊芯中也应严格控制其含量	≤0.03%

2. 焊芯牌号

用“焊”的汉语拼音第一个字母“H”表示，其后面的数字表示平均碳的质量分数，其他合金元素的表示方法与钢的牌号相同。不同质量等级的焊芯在最后以不同字母来区别，“A”表示高级优质钢；“E”表示特级优质钢，焊芯中磷的质量分数不大于 0.02%。例如，常用的结构钢焊芯牌号“H08A”，表示平均碳的质量分数为 0.08%的焊接用高级优质钢。

3. 焊芯规格

结构钢常用焊条的焊芯直径和长度见表 6-2。通常所说的焊条规格是用焊芯直径来表示的。

表 6-2 结构钢常用焊条的焊芯直径和长度 单位：mm

焊芯直径	焊芯长度					
1.6	200	250				
2.0		250	300			
2.5		250	300			
3.2				350	400	
4.0				350	400	
5.0					400	450

二、药皮的作用及类型

焊条药皮是指涂在焊芯表面的涂料层。药皮在焊接过程中分解熔化后形成气体和熔渣，起到机械保护、冶金处理、改善工艺性能的作用。药皮的组成物有矿物类（如大理石、氟石等），铁合金和金属粉类（如锰铁、钛铁等），有机物类（如木粉、淀粉等），化工产品类（如钛白粉、水玻璃等）。

1. 药皮的作用

(1) 提高电弧燃烧的稳定性

在焊条药皮中，一般含有钾、钠、钙等电离电位低的物质，这样可以提高电弧的稳定性，保证焊接过程持续进行。

(2) 保护焊接熔池

焊接过程中，空气中的氧、氮及水蒸气侵入焊缝，会给焊缝带来不利的影响。不仅会形成气孔，而且会降低焊缝的机械性能，甚至导致裂纹。而焊条药皮熔化后，产生的大量气体笼罩着电弧和熔池，会减少熔化的金属和空气的相互作用。焊缝冷却时，熔化后的药皮形成一层熔渣，覆盖在焊缝表面，保护焊缝金属并使之缓慢冷却、降低产生气孔的可能性。

(3) 保证焊缝脱氧、脱硫磷杂质

焊接过程中虽然进行了保护，但仍难免有少量氧进入熔池，使金属及合金元素氧化，烧损合金元素，降低焊缝质量。因此，需要在焊条药皮中加入还原剂（如锰、硅、钛、铝等），使已进入熔池的氧化物还原。

(4) 补充合金元素

由于电弧的高温作用，焊缝金属的合金元素会被蒸发烧损，使焊缝的机械性能降低。因此，必须通过药皮向焊缝加入适当的合金元素，以弥补合金元素的烧损，保证或提高焊缝的机械性能。对有些合金钢的焊接，也需要通过药皮向焊缝渗入合金，使焊缝金属能与母材金属成分接近，机械性能赶上甚至超过母材金属。

(5) 提高焊接生产率，减少飞溅

焊条药皮具有使熔滴增加而减少飞溅的作用。焊条药皮的熔点稍低于焊芯的熔点，但因焊芯处于电弧的中心区，温度较高，所以焊芯先熔化，药皮稍迟一点熔化。这样，在焊条端头形成一短段药皮套管，加上电弧吹力的作用，使熔滴径直射到熔池上，使之有利于仰焊和立焊。另外，在焊芯涂了药皮后，电弧热量更集中。同时，由于减少了由飞溅引起的金属损失，提高了熔敷系数，也就提高了焊接生产率。另外，焊接过程中发尘量也会减少。

2. 药皮的成分及作用

焊条药皮组成物很多，按各种物质所起作用不同分为以下几类，见表 6-3。

表 6-3 焊条药皮组成物的种类及作用

名称	成　分	作　用
稳弧剂	碳酸钠、大理石、长石、钛白粉、水玻璃等	改善引弧性能和提高电弧稳定性
造渣剂	大理石、萤石、长石、钛白粉、金红石、钛铁矿等	形成熔渣保护熔池和焊缝金属，并改善焊缝成形
造气剂	大理石、淀粉、纤维素、木粉	形成气体加强对焊接区的保护
脱氧剂	锰铁、硅铁、钛铁、铝铁、石墨	脱除金属中的氧和降低熔渣氧化性
合金剂	锰铁、硅铁、钼铁、钒铁等	使焊缝金属获得所需的合金成分
粘结剂	水玻璃	使药皮牢固地粘在焊芯上
稀渣剂	萤石、长石、金红石、钛白粉等	降低熔渣黏度，改善其流动性
增塑剂	云母、滑石粉、钛白粉等	改善焊条压涂性能

3. 药皮类型

根据焊条药皮中主要成分的不同，药皮可分为 8 种不同类型，其工艺性能和适用范围有很大不同，见表 6-4。

表 6-4 焊条药皮类型、主要成分及适用范围

药皮类型	主要成分	工艺性能	适用范围
氧化钛型	氧化钛的质量分数≥35%	焊接工艺性能良好，熔深较浅；电弧稳定，飞溅小、脱渣容易；交直流两用，可全位置焊，焊缝美观	用于一般低碳钢结构的焊接，特别适于薄板焊接
钛钙型	氧化钛的质量分数>30%，钙和镁的碳酸盐的质量分数为 20%	焊接工艺性能良好，熔深一般；飞溅小、脱渣容易；交直流两用，可全位置焊；焊缝美观	用于较重要的低碳钢结构和低合金结构钢一般结构的焊接
钛铁矿型	钛铁矿的质量分数≥30%	焊接工艺性能良好，熔深一般；有飞溅、脱渣容易；交直流两用，可全位置焊；焊缝美观	用于较重要的低碳钢结构和低合金结构钢一般结构的焊接
氧化铁型	大量氧化铁及较多锰铁脱氧剂	焊接工艺性较差，熔深大，熔化速度快；飞溅稍多，但电弧稳定，交直流两用，立、仰焊操作性差；焊缝金属抗热裂性好	用于较重要的低碳钢结构和低合金结构钢一般结构的焊接
纤维素型	有机物含量>15%，氧化钛的质量分数为 30%左右	电弧吹力大，熔深大，熔化速度快；脱渣容易，飞溅一般；对各种焊接位置适应性好	用于一般低碳钢结构，特别适于向下立焊

续表

药皮类型	主要成分	工艺性能	适用范围
低氢型	碳酸钙和萤石	焊接工艺性一般，可全位置焊接；焊前焊条需高温烘干；焊缝金属塑形、韧性和抗裂性好	用于低碳钢和低合金结构钢的重要结构的焊接
石墨型	较多石墨	焊接工艺性较差，飞溅大，烟雾多，熔渣少，适于平焊	用于铸铁焊接
盐基型	氯化物和氟化物	焊接工艺性较差；直流电源，短弧操作；药皮熔点低，吸潮性强，熔渣有腐蚀性	用于铝及铝合金焊接

三、焊条分类与焊条型号、牌号

1. 焊条的分类

焊条分类方法很多，见表 6-5。

表 6-5 焊条分类

分类方法	焊条种类	分类方法	焊条种类
按焊条用途分	结构钢焊条	按焊条特性分	超低氢焊条
	耐热钢焊条		低尘低毒焊条
	不锈钢焊条		立向下焊条
	堆焊焊条		底层焊条
	低温钢焊条		高效铁粉焊条
	铸铁焊条		抗潮焊条
	镍及镍合金焊条		重力焊条
	铜及铜合金焊条		水下焊条
	铝及铝合金焊条		躺焊焊条
按药皮酸碱性分	酸性焊条		
	碱性焊条		

2. 酸性焊条与碱性焊条性能的比较

(1) 酸性焊条：焊条药皮中含有较多的酸性氧化物(如二氧化钛、二氧化硅等)，氧化钛型、钛钙型、钛铁矿型和纤维素型焊条都属于酸性焊条。

(2) 碱性焊条：焊条药皮中含有较多的碱性氧化物(如氧化钙，氧化镁)，同时含有较多的氟化钙。氟化钙有较强的去氢作用，使焊缝金属的含氢量很低，因此碱性焊条又称为低氢焊条。

酸性焊条与碱性焊条性能比较见表 6-6。

表 6-6 酸性焊条与碱性焊条性能比较

焊条 性能	酸性焊条	碱性焊条
电弧与电源	电弧稳定，可采用交、直流电源进行焊接（大多数情况下用交流电源焊接）	电弧不够稳定，除 E4316、E5016 外均须用直流反接电源进行焊接
水、锈的敏感性	对水、锈产生气孔的敏感性不大	对水、锈产生气孔的敏感性较大
表面清洁要求	焊前对焊件表面的清洁工作要求不高	焊前对焊件表面的清洁工作要求不高
焊前烘焙	焊前需经 75～150℃烘焙 1h	焊前需经 300～400℃烘焙 1～2h
焊接电流	焊接电流大	焊接电流较小，较同直径的酸性焊条小 10%左右
电弧的长短	可长弧操作	需短弧操作，否则易引起气孔
脱渣性	脱渣较方便	坡口内第一层脱渣困难，以后各层脱渣较容易
焊接烟尘	焊接时烟尘较少	焊接时烟尘较多

3. 焊条型号

焊条型号是以国家标准为依据，反映焊条主要特性的一种焊条表示方法。结构钢焊条以国家标准 GB/T 5117—2012《碳钢焊条》、GB/T 5118—2012《低合金钢焊条》为依据，根据熔敷金属的力学性能、药皮类型、焊接位置和焊接电流种类来编制的焊条型号。表示方法如下。

(1) 型号中的第一个字母“E”表示焊条。

(2) “E”后面两位数字表示焊条熔敷金属的抗拉强度的最小值。

(3) “E”后面第三位数字表示焊条适用的焊接位置。其中“0”及“1”表示焊条适用于全位置焊（即可进行平焊、立焊、横焊和仰焊），“2”表示焊条适用于平焊及平角焊，“4”表示焊条适用于向下立焊。

(4) “E”后面的第三位和第四位数字组合时表示药皮类型和适用的电流种类。

(5) 对焊条有特殊规定时，在“E”后面第四位数字后附加字母或数字。如附加“R”表示耐吸潮焊条，附加“-1”表示对冲击性能有特殊要求的焊条。

例： E 43 0 3

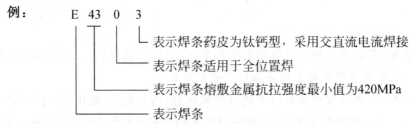

- 3：表示焊条药皮为钛钙型，采用交直流电流焊接
- 0：表示焊条适用于全位置焊
- 43：表示焊条熔敷金属抗拉强度最小值为420MPa
- E：表示焊条

常用的 E43 系列焊条的药皮类型、焊接位置和电流种类见表 6-7。

4. 常用碳钢焊条、低合金钢焊条

常用碳钢焊条、低合金钢焊条的型号和牌号对照及用途见表 6-8。

表 6-7 E43 系列焊条药皮类型、焊接位置和电流种类

<table>
<tr><th>焊条型号</th><th>药皮类型</th><th>焊接位置</th><th>电流种类</th></tr>
<tr><td>E4300</td><td>特殊型</td><td rowspan="9">平、立、横、仰</td><td rowspan="3">交流或直流正、反接</td></tr>
<tr><td>E4301</td><td>钛铁矿型</td></tr>
<tr><td>E4303</td><td>钛钙型</td></tr>
<tr><td>E4310</td><td>高纤维素钠型</td><td>直流反接</td></tr>
<tr><td>E4311</td><td>高纤维素钾型</td><td>交流或直流反接</td></tr>
<tr><td>E4312</td><td>高钛钠型</td><td>交流或直流正接</td></tr>
<tr><td>E4313</td><td>高钛钾型</td><td>交流或直流正、反接</td></tr>
<tr><td>E4315</td><td>低氢钠型</td><td>直流反接</td></tr>
<tr><td>E4316</td><td>低氢钾型</td><td>交流或直流反接</td></tr>
<tr><td>E4320</td><td>氧化铁型</td><td>平</td><td>交流或直流正、反接</td></tr>
<tr><td>E4323</td><td>铁粉钛钙型</td><td rowspan="2">平、平角焊</td><td rowspan="2">交流或直流正、反接</td></tr>
<tr><td>E4324</td><td>铁粉钛型</td></tr>
<tr><td>E4327</td><td>铁粉氧化铁型</td><td>平</td><td>交流或直流正、反接</td></tr>
<tr><td>E4328</td><td>铁粉低氢型</td><td>平、平角焊</td><td>交流或直流反接</td></tr>
</table>

表 6-8 常用碳钢焊条、低合金钢焊条的型号和牌号对照及用途

<table>
<tr><th>焊条种类</th><th>型号</th><th>牌　　号</th><th>焊条性能和用途</th></tr>
<tr><td rowspan="7">碳钢焊条</td><td>J420G</td><td>E4300</td><td>全位置管道用焊条，抗气孔性好。用于工作温度低于 450℃碳钢管的焊接</td></tr>
<tr><td>J421</td><td>E4313</td><td>焊接工艺性好，再引弧容易。用于低碳钢薄板及短焊缝的间断焊和要求表面光洁的盖面焊</td></tr>
<tr><td>J422</td><td>E4303</td><td>焊接工艺性好，电弧稳定，焊道美观，飞溅小。用于焊接较重要的低碳钢结构</td></tr>
<tr><td>J427</td><td>E4315</td><td>焊条工艺性较差，焊缝金属塑性、韧性及抗裂性好。用于焊接重要的低碳钢和低合金钢</td></tr>
<tr><td>J502</td><td>E5003</td><td>焊条工艺性好。用于 Q345B 等低合金钢的焊接</td></tr>
<tr><td>J507</td><td>E5015</td><td>焊条工艺性较差，焊缝金属具有优良的塑性、韧性及抗裂性。用于中碳钢及某些低合金钢的焊接</td></tr>
<tr><td>J506</td><td>E5016</td><td>焊条工艺性较差，焊缝金属具有优良的塑性、韧性及抗裂性。用于中碳钢及某些低合金钢的焊接</td></tr>
<tr><td rowspan="3">低合金钢焊条</td><td>J607</td><td>E6015-D1</td><td>低合金高强度钢焊条，用于中碳钢及相应级别的合金钢的焊接</td></tr>
<tr><td>J707</td><td>E7015-D2</td><td>低合金高强度钢焊条，用于 18MnMoNb 等低合金钢的焊接，构件需焊前预热和焊后热处理</td></tr>
<tr><td>J857</td><td>E8515-G</td><td>低合金高强度钢焊条，用于抗拉强度相当于 830MPa 的低合金高强度钢的焊接</td></tr>
</table>

四、焊条的使用与保管

焊条的型号不同，应用场合不同；同时焊条是容易吸潮和变质的材料，应注意储存和保管，焊条在使用前应按要求进行烘干。

1. 焊条的选用原则

(1) 等强度原则

对于承受静载或一般载荷的工件或结构，通常选用抗拉强度与母材相等的焊条，这就是等强度原则。

如常用低碳钢 Q235B，其屈服强度为 235MPa，抗拉强度为 375～460MPa，焊接时一般选用 E43 型焊条，该焊条熔敷金属抗拉强度最小值为 420MPa；普通高强度低合金钢 Q345B，其屈服强度为 345MPa，抗拉强度为 490～675MPa，焊接时一般选用 E50 型焊条，该焊条熔敷金属抗拉强度最小值为 490MPa。

(2) 等同性原则

焊接在特殊环境下工作的工件或结构，如要求耐磨、耐腐蚀、在高温或低温下具有较高的力学性能，则应选用能保证熔敷金属的性能与母材相近或相近似的焊条，这就是等同性原则。

如焊接不锈钢时，应选用不锈钢焊条；焊接耐热钢时应选用耐热钢焊条。

(3) 等条件原则

根据工件或焊接结构的工作条件和特点选择。如焊接需承受动载或冲击载荷的工件，应选用熔敷金属冲击韧度较高的低氢型碱性焊条。反之，焊接一般结构时，应选用酸性焊条。

选用焊条时还应考虑工地供电情况，工地设备条件，经济性及焊接效率等，但这都是比较次要的问题，应根据实际情况决定。

2. 焊条的储存

(1) 焊条的保管要特别注意环境湿度。空气中相对湿度和温度越高，水蒸气分压也就越高，则药皮越容易吸湿。一般建议空气中的相对湿度低于 60%，并离开地面和墙壁的距离约 300mm；温度以 10～25℃为宜，如图 6-2 所示。

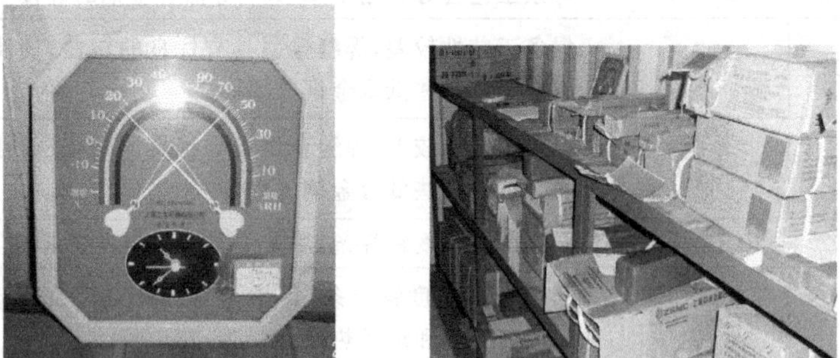

图 6-2　焊条的正确存储方法

(2) 分清焊条型号(牌号)、规格,分类堆放,不能错用。

3. 焊条烘干

焊条在投入使用前应进行烘干,目的是去除药皮中的水分,防止产生气孔和裂纹。

(1) 烘干温度

烘干温度应遵照焊条说明书的规定,焊条推荐烘干规范见表 6-9。

表 6-9　焊条推荐烘干规范

焊 条 类 型	焊 条 特 性	烘干温度/℃	保温时间/h
铬不锈钢和铬镍奥氏体不锈钢焊条	酸性焊条	150～200	1～2
	碱性焊条	200～250	1～2
其他类别焊条	酸性焊条	70～150	1～2
	碱性焊条	300～400	1～2
	纤维素焊条	80～120	1～2

(2) 烘箱的使用

ZYHC 系列远红外自控烘干保温两用焊条烘箱在使用前需按下列步骤操作。

① 将烘箱放置在适当位置后,应首先接好机壳接地线。

② 把温度选择在设定位置,旋转温度调节按钮,在烘干室测量仪上设定上限温度,如图 6-3 所示。

③ 按动时间继电器的按钮盘,设定烘干室恒温时间,如图 6-4 所示。

图 6-3　设定上限的温度

图 6-4　设定时间继电器

接通电源,打开启动按钮,此时电源指示红灯亮,温控仪的绿灯亮,电流表、电压表指示线路工作电流值、电压值,烘箱即投入正常工作,如图 6-5 所示。

当箱内温度升到设定的温度后,时间继电器开始保温计时,当时间继电器走完设定保温时间,并发出报警声,保温时间已到,操作人员即可切断烘干室电源,取用焊条。

(3) 保温桶的使用

经烘干的焊条应存放在焊条专用保温桶内,随用随取,如图 6-6 所示。常温下放置时间超过 4h,应重新烘干后使用,但不能多次反复烘干,以免药皮变质,累计烘干次数不应超过 3 次。

图 6-5 烘箱正常工作

图 6-6 保温筒的使用

6.2 运条方法

焊接过程中，焊条相对焊缝各种运动的总称叫作运条。运条对焊缝外观成形及内部质量有重要影响，是初学者必须掌握的基本技能。

一、焊条的运动

电弧引燃后，在正常焊接阶段，焊条要有三个基本方向的运动，如图 6-7 所示。

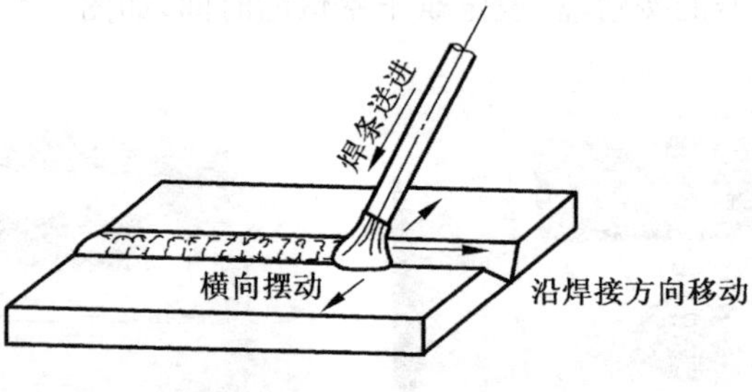

图 6-7 焊条三个基本运动

初学者易出现焊条送进速度慢于焊条熔化速度而导致长电弧焊接现象，造成焊缝两侧飞溅严重，且成形不美观，如图 6-8 所示。

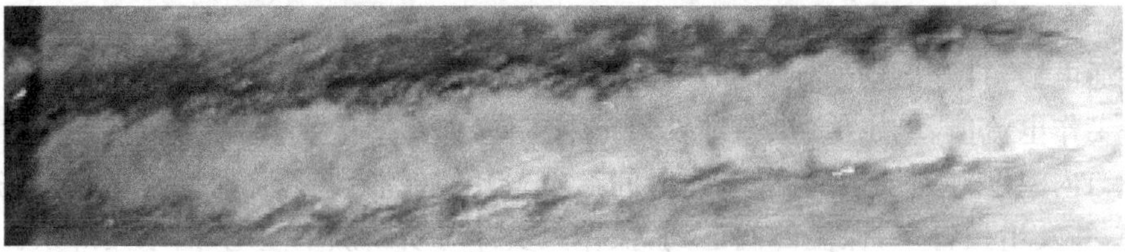

图 6-8 长弧焊接

初学者易出现横摆前进幅度过大现象，而导致焊缝两侧不整齐，局部缺少填充金属、咬边，严重者焊缝成蛇形，如图 6-9 所示。

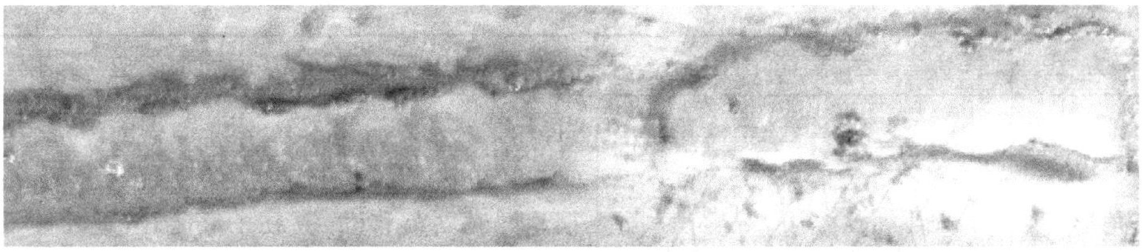

图 6-9　横摆前进幅度过大

初学者易出现焊条前进速度过快现象，而导致焊缝低而窄，且熔合不良；焊条前进速度时快时慢现象，而导致焊缝宽度和熔深不一致，如图 6-10 所示。

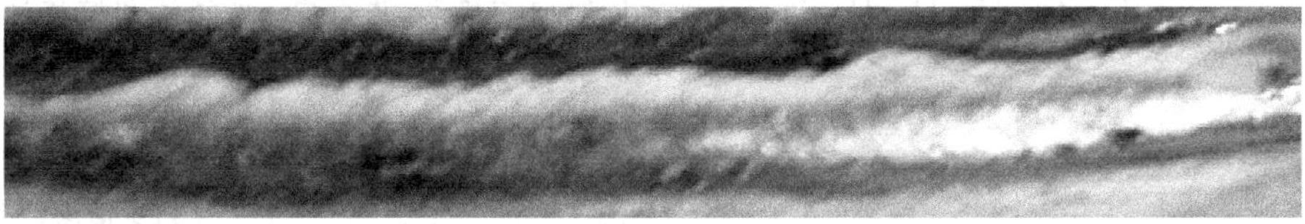

图 6-10　焊条前进速度过快

二、运条方法

在实际生产中，运条的方法很多。一般根据焊工本人的操作水平和工件接头形式、焊缝位置、焊条直径、焊接电流等选择运条方法。常用的运条方法和应用范围见表 6-10。

表 6-10　常见运条方法及应用范围

运条方法	运条简图	操作要领	应用
直线形		焊接时保持一定弧长，焊条沿焊接方向直线移动	适于不开坡口的对接焊缝、多层焊的第一层焊缝和多层多道焊
直线往复形	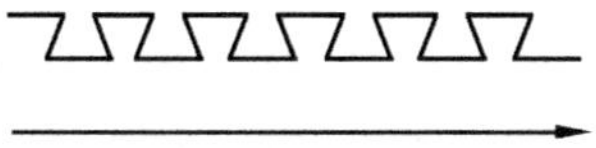	焊条沿焊接方向作来回的直线运动	适于薄板、接头间隙较大的焊缝和仰角焊
锯齿形		焊条作锯齿形连续摆动同时向前移动，并在焊缝两边稍作停留	适于中厚板平对接、立对接、立角焊
月牙形		焊条作月牙形的连续摆动同时向前移动，并在焊缝两边稍作停留	操作上比锯齿形稍难，焊缝余高较大，适用范围与锯齿形相同
正三角形	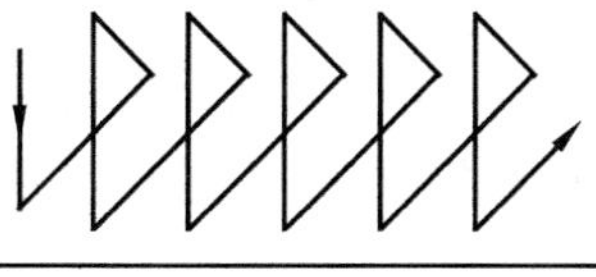	焊条作正三角形的连续摆动同时向前移动，并在焊缝两边稍作停留	能焊出较厚的焊缝而不易产生夹渣，生产率高，适于中厚板立对接和立角焊

续表

运条方法	运条简图	操作要领	应　　用
斜三角形	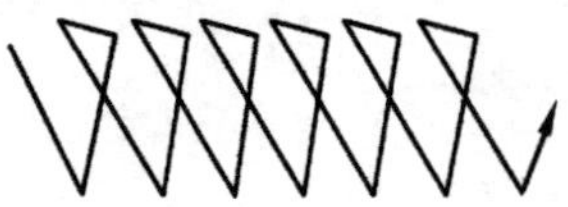	焊条作斜三角形的连续摆动同时向前移动，并在焊缝两边稍作停留	能借助焊条的摆动来控制熔化金属，焊缝成形良好，适用于平角焊和仰角焊、开坡口的横焊
正圆圈形	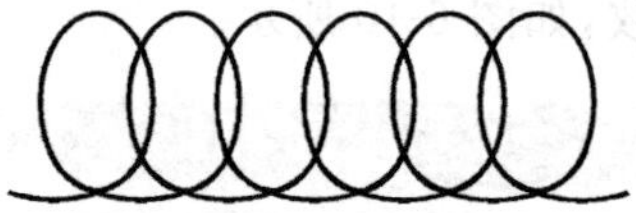	焊条作正圆形的连续摆动同时向前移动，并在焊缝两边稍作停留	能使熔化金属有足够高的温度，促使熔池中的气体和熔渣逸出，焊缝质量好，适于较厚焊件开坡口的平焊
斜圆圈形	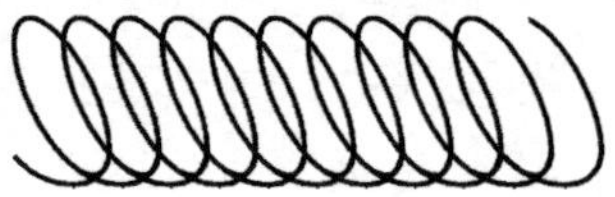	焊条作斜圆形的连续摆动同时向前移动，并在焊缝两边稍作停留	有利于借助焊条摆动控制金属下淌，适于平角焊、仰角焊和开坡口的横焊缝

6.3　焊缝的起头、连接、收尾

焊缝的起头、连接、收尾是焊接表面缺陷产生的重要环节，因而焊缝的起头、连接、收尾必须遵循一定的操作方法和技巧。

一、起头的方法

起头是指刚开始焊接的阶段。由于起焊时焊件温度偏低，所以起头焊道窄、熔深浅、电弧燃烧不稳定，同时易产生熔合不良、气孔和夹渣等缺陷，如图 6-11 所示。

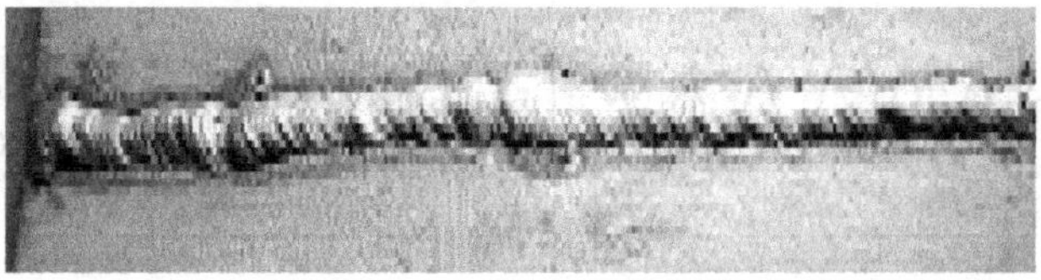

图 6-11　起头不良的焊缝

为了解决上述问题，起头时一般运用预热法施焊。方法是，在起焊端前 20mm 左右，引燃电弧，并将电弧拉长 10～15mm，对焊缝起焊处进行预热 2～3s，然后压低电弧进行正常焊接，如图 6-12 所示。对于焊接重要结构件时，应采用引弧板，即在焊接前装配一块金属板，从这块板引弧，焊后割掉，从而保证结构件的焊接质量，如图 6-13 所示。

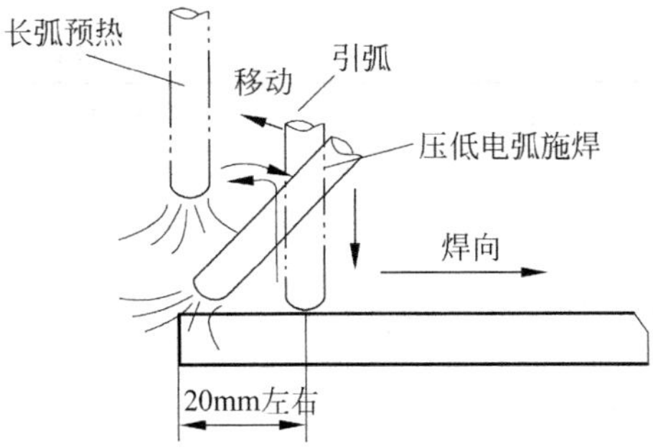

图 6-12 预热起头

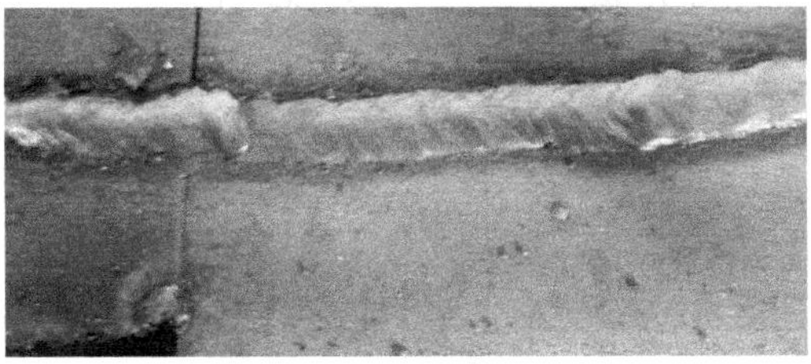

图 6-13 引弧板引弧

二、接头的方法

焊条电弧焊时，由于受焊条长度的限制，较长的焊缝是由短焊缝逐段连接起来的。先焊焊缝与后焊焊缝的衔接部位叫作焊缝接头。焊缝接头容易出现过高、脱节和焊缝宽度不一致等缺陷。为了避免焊缝接头出现缺陷，要求在焊接过程中焊缝接头选用正确的操作方式。

在原弧坑前方大约 20mm 处引弧，拉长电弧并快速将电弧移到原弧坑的上方，以 10～15mm 长的电弧预热 1～2s 后，在原弧坑 2/3 处压低电弧，转入正常焊接，如图 6-14 所示。

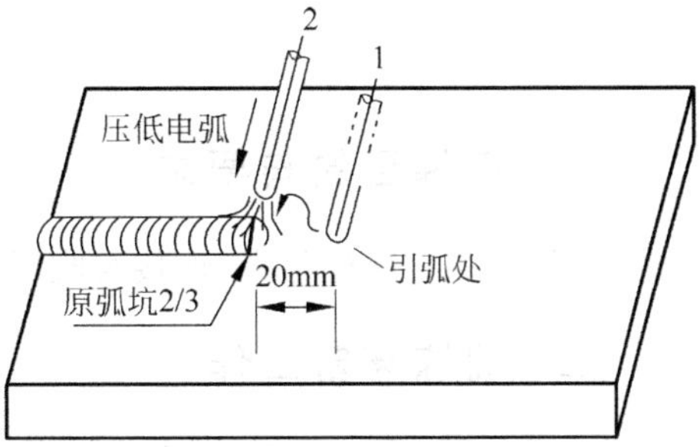

图 6-14 接头的方法

三、收尾的方法

焊缝的收尾是指一条焊缝完成后进行收弧的过程，不仅要熄弧还要注意填满弧坑。这个过程很重要，如果操作不当就容易在熄弧处产生弧坑、弧坑裂纹甚至气孔。正确的收尾方法有 3 种，见表 6-11。

表 6-11 焊接常用收尾方法

收尾方法	示意图	操作要领	适用范围
画圈收尾法	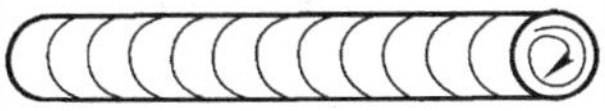	电弧在焊缝收尾处作圆圈运动，直至填满弧坑，再拉断电弧	厚板焊接；酸性、碱性焊条均可采用
反复断弧收尾法	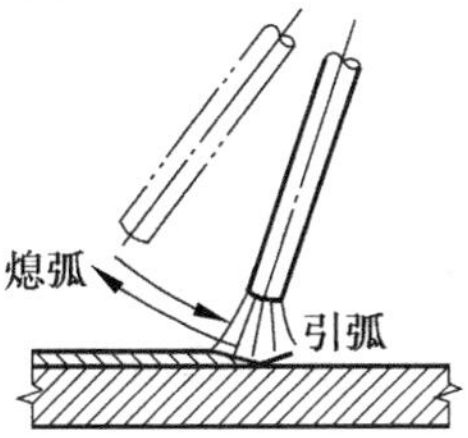	在焊缝收尾处反复熄灭和引燃电弧数次，直至填满弧坑	薄板焊接；多层焊的打底焊和大电流焊接，碱性焊条不宜采用

续表

收尾方法	示意图	操作要领	适用范围
回焊收尾法	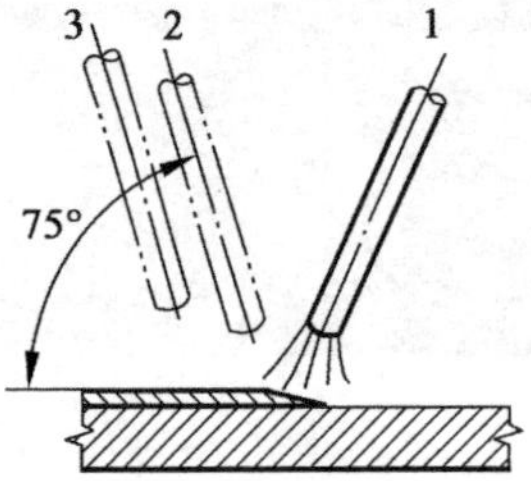	电弧在焊缝收尾处停住，同时将焊条朝反方向回焊一小段后熄弧	低氢型焊条

6.4 焊缝接头及平敷焊技能训练

一、训练目的与要求

训练运条；焊缝起头、连接与收尾以及平敷焊的操作技能。

二、训练准备工作

(1) 练习焊件：材质 Q235B，尺寸 250mm×100mm×6mm。

(2) 焊条型号：E4303(J422)，直径 ϕ3.2mm。

(3) 焊接设备及工具：焊机 BX1-300 或 ZX7-300。

(4) 辅助工具：钢丝刷、敲渣锤、石笔、钢直尺等。

三、操作步骤与要领

(1) 磨好石笔，如图 6-15 所示。在钢板上划直线，间隔 20mm，如图 6-16 所示。

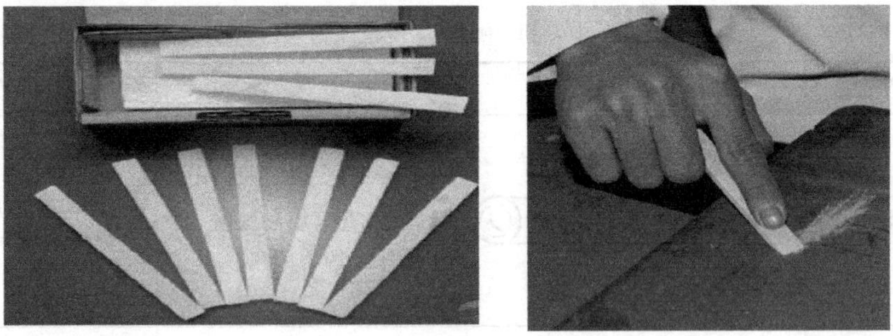

图 6-15 石笔及磨削

(2) 做好劳动防护，焊机接通电源，调节好焊接。

(3) 分别用直线运条法、锯齿形运条法和月牙形运条法在工件上按基准线进行平敷焊练习，如图 6-17 所示。每条焊缝焊完后清理飞溅，检查焊缝质量。

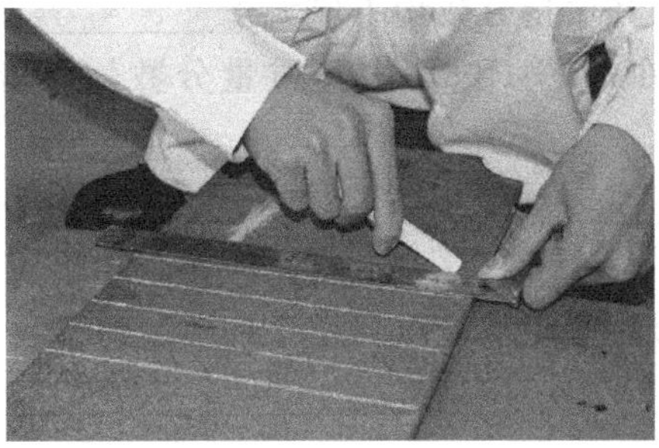

图 6-16　钢板划线

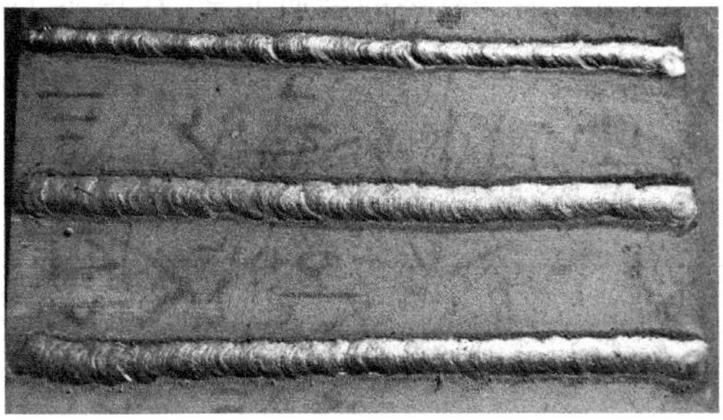

图 6-17　练习的焊缝

(4) 操作时按前面叙述的起头、运条、连接、收尾的要领进行练习。为加强练习焊缝接头，可适当将每段焊缝长度减小。焊条角度如图 6-18 所示，焊条后倾角 15°～25°，焊条与工件左右夹角为 90°。

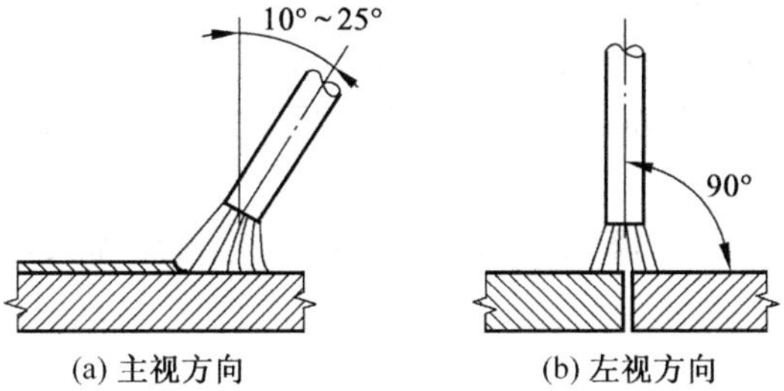

图 6-18　焊条角度

四、考核要求

(1) 正确使用工具及防护用品。

(2) 焊缝起头、连接、运条与收尾方法正确。

(3) 合理选用各种运条方法。

(4) 焊波均匀，无咬边；接头处基本平滑，无过高现象；收尾处无弧坑；表面无引弧的痕迹。

(5) 小组成员间良好的团队合作精神。

复习思考题

一、填空题

1. 焊条可作为电极，又可作为________与母材熔合后形成________。

2. 碳素结构钢用钢丝作为焊芯焊接时，含有的微量合金元素有________、________、________、________，杂质有________、________。

3. 低碳钢焊芯中碳的质量分数一般不超过________%；一般焊芯中硫的质量分数不得大于________%。

4. 硫和磷是有害的杂质元素，在焊芯 H08 中其质量分数均不应大于________，在焊芯 H08A 中其质量分数均不应大于________，在焊芯 H08E 中其质量分数均不应大于________。

5. 焊条药皮中稳弧剂的作用是________和________；焊条药皮中造渣剂的作用是________和________。

6. 焊条药皮中合金剂的主要作用是补偿焊接过程中被烧损、蒸发的________。

7. 焊接时，运条的方法有直线形运条，________、________、________、________、________等。

二、判断题

1. 在焊接过程中，碳是一种良好的脱氧剂，所以焊芯中含碳量越高越好。 ( )

2. 因为硅是一种较好的合金剂，所以焊芯中的含硅量越多越好。 ( )

3. 交直流两用的焊条都是酸性焊条。 ( )

4. E5015 焊条是典型的碱性焊条。 ( )

5. 酸性焊条对铁锈、水分和油污的敏感性小。 ( )

6. 碱性焊条的工艺性能差，引弧困难，电弧稳定性差且飞溅大，故只能用于一般钢结构的焊接。 ( )

7. 反复断弧收尾法用于薄板焊接；多层焊的打底焊和大电流焊接碱性焊条不宜采用。 ( )

三、选择题

1. 用 E4303 焊条焊接的焊缝熔敷金属抗拉强度为(　　)MPa。

A. 430　　B. 43　　C. 3

2. 在没有直流电流的情况下，应选用(　　)焊条。

A. E4315　　B. E5003　　C. E5015

3. 若焊件材料含碳或硫磷等较高时，应选用(　　)焊条。

A. 工艺性好　　B. 抗裂性好　　C. 脱渣性好

4. 焊条的直径是以(　　)来表示的。

A. 焊芯直径　　B. 焊条外径

C. 药皮厚度　　D. 焊芯直径和药皮厚度之和

5. 焊条药皮的(　　)可以使熔化金属与外界空气隔离，防止空气侵入。

A. 稳弧剂　　B. 造气剂

C. 脱氧剂　　D. 合金剂

6. 斜圆圈形运条一般应用于(　　)。

A. 平焊　　B. 立焊

C. 横焊　　D. 仰焊

四、问答题

1. 焊条药皮和焊芯各起什么作用？

2. 焊条型号 E4303、牌号 J422 的含义是什么？

3. 焊接运条时，焊条应做哪三个方向的运动？

4. 酸性焊条与碱性焊条各有什么特点？
5. 焊条在使用前为何要烘干？
6. 运条方式有哪几种？各有什么特点？
7. 焊缝的起头、连接、收尾的操作要点是什么？
8. 请小结平敷焊的操作要点。

项目 7

堆焊操作技能训练

为增大或恢复焊件尺寸，或使焊件表面获得具有特殊性能的熔敷金属而进行的焊接称为堆焊，如图 7-1 所示。

图 7-1　堆焊

学习目标

完成本项目学习后，你应当能：

1. 掌握堆焊的目的及工艺特点。

2. 掌握焊接电弧的产生机理，电弧静特性曲线的特征。

3. 能够进行焊接定点堆焊和表面堆焊。

7.1　堆焊工艺特点

一、堆焊的目的

(1) 降低生产成本。

(2) 延长设备使用寿命。

(3) 减少维修费用及时间。

(4) 减少零部件的备件。

二、堆焊的分类及应用

1. 恢复尺寸的堆焊

恢复尺寸的堆焊是在焊件表面、接头边缘或者先前熔敷的金属上为恢复构件所要求的尺寸而添加焊缝金属的堆焊。

辊压机是用途广泛的一种高效节能的粉磨设备，尤其适用于水泥熟料的粉磨，而且对石灰石、高炉矿渣、石灰砂岩、原煤、石膏、石英砂、铁矿石等的粉磨也很有效。辊压机极其恶劣的工作条件造成辊面磨损严重，因此，在制造辊压机时就必须对挤压辊表面进行有效防护。而在挤压辊表面堆焊是目前全世界公认的最有效、最简便的方法。

这主要有两个原因：一是堆焊材料和工艺便于不断进行改进和调整；二是挤压辊在使用一段时间后必然产生磨损，而由于挤压辊非常昂贵，绝大多数情况下不可能更换，只有在现场继续对其进行修复。在这种情况下，只有采用堆焊的方法才能进行快速、有效的修复，如图 7-2 所示。

(a) 堆焊前

(b) 堆焊后

图 7-2 辊压机堆焊

2. 耐磨堆焊

耐磨堆焊是为减轻焊件表面磨粒磨损、冲击、腐蚀、气蚀而采用的堆焊层。

钻滚刀是地质勘探队用于强风化和中风化、花岗岩、页岩、板岩等地质的钻头，钻层硬度为 45～55HRC，其最大特点是材质为高强度、高耐磨性的硬质合金，滚刀具的硬度为 60～65HRC，如图 7-3 所示。

采用堆焊对钻滚刀进行修复，堆焊预热温度 300℃，采用直流反接，堆焊时要注意控制好层间温度，采用多层多道焊方法，为防止裂纹产生，每堆焊一根焊条后用锤敲击焊件，堆焊完成后保温冷却，加工后的成品比原滚刀具使用寿命提高 3 倍。

图 7-3 滚刀

3. 包层堆焊

包层堆焊是当焊件表面与腐蚀介质接触时，为使其表面具有耐腐蚀性，而在碳钢或合金钢母材上堆焊一定厚度的填充金属层。

阀门的密封面处于高温高压水蒸气介质中，而且经常动作，易受腐蚀和磨损，需要在阀门密封面上堆焊一层耐磨、耐腐蚀的金属，如图 7-4 所示。堆焊金属的成分随阀门的使用场合不同而不同，一般中温、中压阀门，介质温度低于 450℃时堆焊高镍合金；高温、高压阀门使用温度低于 525℃时，堆焊高镍合金铸铁；使用温度低于 600℃时，堆焊铬镍硅合金或钴基合金。

图 7-4 阀门堆焊

三、堆焊工艺

1. 堆焊前清理

堆焊材料多为硬度高、塑性差的合金，制备和修复毛坯时，必须把影响堆焊层抗裂性能的金属去除。堆焊前应将修复毛坯的堆焊层附近 20～25mm 范围内的渗氮层去除。

修复毛坯时，应将堆焊层的外圆车去 1mm 左右，以便根据金属光泽来判断原堆焊层及过渡层是否除净，确保修复毛坯的基体表面在原堆焊层的熔合线以下。

2. 堆焊工艺

(1) 根据堆焊焊条和应力状态，适当选择焊前要求预热、焊后退火或高温回火热处理。

(2) 堆焊焊条一般选择低氢碱性堆焊焊条，焊前应按规定温度烘干 1～2h，堆焊时采用直流反接。

(3) 打底层由于堆焊金属的化学成分、组织及性能等与基体材料均不相同，为降低焊接应力，须堆焊一层过渡层，堆焊过渡层时，应采用小电流，以减小稀释率。

(4) 堆焊层堆焊时应注意焊件的温度，如焊完一层后温度过高，则应等冷却到预热温度再堆焊下一层。

(5) 堆焊时电流应尽可能小，以减少稀释率。为了避免氢的融入，应采用短弧堆焊。堆焊过程应一次焊完，不得中断。堆焊每一层时要将前一层覆盖均匀，以防止堆焊层出现裂纹。每一层的接头应错开。接头时，应尽量缩短间断时间，以保证层间温度。收弧时，必须将熔池填满，避免产生弧坑裂纹。

(6) 堆焊层厚度应控制在 7mm 以下(不包括过渡层)，且经加工后不得小于 3mm，以免因堆焊层厚度不足而造成化学成分不稳定，硬度不均匀，从而影响使用性能。

7.2 焊接电弧

一、焊接电弧的概念

当切断电源开关脱离接触处的瞬间，往往会看到明亮的电火花，这也是一种气体放电的现象。但它与焊接电弧相比较，焊接电弧不但能量大，而且连续持久。我们将由焊接电源供给的具有一定电压的两电极间或电极与焊件间的气体介质中产生强烈而持久的放电现象，称为焊接电弧。

一般情况下，由于气体的分子和原子都是呈中性的，气体中几乎没有带电质点，因此气体不能导电。气体电离后，原来气体中的一些中性分子或原子转变为电子、正离子等带电质点，这样电流才能通过气体间隙形成电弧。

1. 气体电离

在常态下原子是呈中性的，但在一定的条件下，气体原子中的电子从外面获得足够的能量，就能脱离原子核的引力成为自由电子，同时原子由于失去电子而成为正离子。这种使中性的气体分子或原子释放电子形成正离子的过程称为气体电离。

(1) 热电离。气体粒子受热的作用而产生的电离称为热电离。温度越高，热电离作用越大。

(2) 电场作用下的电离。带电粒子在电场的作用下，各作定向高速运动，产生较大的动能，与中性粒子相碰撞，不断地产生电离。两电极间的电压越高，电场作用越大，则电离作用越强烈。

(3) 光电离。中性粒子在光辐射的作用下产生的电离，称为光电离。

2. 阴极电子发射

阴极的金属表面连续地向外发射出电子的现象称为阴极电子发射。阴极电子发射也和气体电离一样，是电弧产生和维持的重要条件。

一般情况下，电子不能自由离开金属表面产生电子发射，要使电子发射，必须施加一定电能量，使电子克服金属内部正电荷对它的静电引力。所加的能量越大，阴极产生电子发射作用就越强烈。焊接时，根据阴极收能量的方式不同，所产生的电子发射有以下几类：热发射、电场发射和撞击发射等。

(1) 热发射。焊接时，阴极表面的温度很高，使阴极内部的电子热运动速度增加，当电子的动能大于其逸出功时，电子即冲出阴极表面而产生热电子发射。

(2) 电场发射。当阴极表面外部空间存在强电场时，电子可获得足够的动能克服正电荷对它的静电引力，从阴极表面发射出来。两极间电压越高，则电场发射作用越强。

(3) 撞击发射。高速运动的正离子撞击表面时，将能传送给阴极而产生电子发射的现象，称为撞击发射。电场强度越大，在电场中正离子运动速度越快，产生撞击发射的作用也越强烈。

二、焊接电弧的构造及静特性

1. 焊接电弧的构造

焊接电弧的构造可分为三个区域：阴极区、阳极区、弧柱区，如图 7-5 所示。

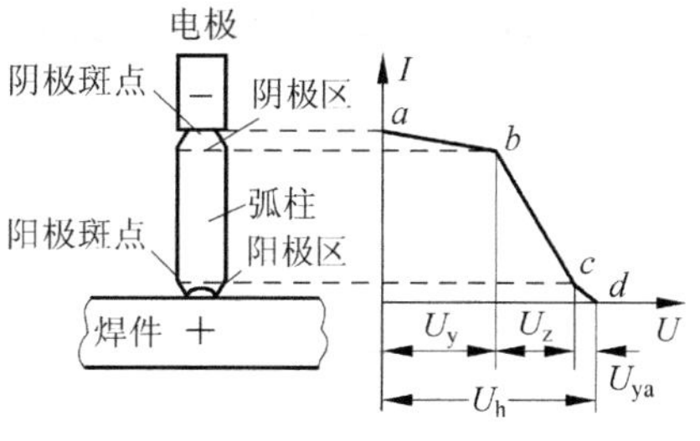

图 7-5 焊接电弧的构造

U_y—阴极电压降；U_z—弧柱电压降；U_{ya}—阳极电压降；U_h—电弧电压

(1) 阴极区。为保证电弧稳定燃烧，阴极区的任务是向弧柱区提供电子流和接受弧柱区送来的正离子流。在焊接时，阴极表面存在一个烁亮的辉点，称为阴极斑点。阴极斑点是电子发射源，也是阴极区温度最高的部分，一般达 2130～3230℃，放出的热量占焊接总热量的 36%左右。阴极温度的高低主要取决于阴极的电极材料，一般都低于材料的沸点，见表 7-1。此外，电极的电流密度增加，阴极区的温度也相应提高。

表 7-1 阴极区和阳极区的温度 单位：℃

电 极 材 料	材料沸点	阴极区温度	阳极区温度
碳	4367	3227	3827
铁	2998	2130	2330
铜	2307	1927	2177
镍	2900	2097	2177
钨	5927	2727	3977

(2) 阳极区。阳极区的作用是接受弧柱区流过来的电子流和向弧柱区提供正离子流。在阳极表面上的光辉电称为阳极斑点，阳极斑点是由于电子对阳极表面撞击而形成的。一般情况下，与阴极比较，由于阳极能量只用于阳极材料的熔化和蒸发，无发射电子的能量消耗，因此在和阴极材料相同时，阳极区温度略高于阴极区。阳极区的温度一般达 2330～3980℃，放出的热量占焊接总热量的 43%左右。

(3) 弧柱区。弧柱是处于阴极区与阳极区之间的区域。弧柱区起着电子流和正离子流的导电通路的作用，弧柱的温度不受材料沸点限制，而取决于弧柱中气体介质和焊接电流。焊接电流越强，弧柱中电离程度就越高，弧柱温度也就越高。弧柱区的中心温度可达 5730～7730℃，放出的热量占总热量的 21%左右。

(4) 电弧电压。通常测出的电弧电压就是阴极区、阳极区和弧柱区电压降之和。

2. 电弧的特性

在电极材料、气体介质和弧长一定的情况下，电弧稳定燃烧时，焊接电流与电弧电压变化的关系称为电弧静特性。表明它们关系的曲线叫作电弧的静特性曲线。

从图 7-6 中可以看到，电弧静特性曲线呈 U 形。当电流较小时，电弧静特性为下降特性区，即随着电流的增加而电压降低；在正常工艺参数焊接时，电流通常从几十安培到几百安培，这时的电弧静特性曲线如图中的 *bc* 段，称为平特性区，即电流大小变化时电压几乎不变；当电流更大时，电弧静特性为上升特性区，电压随电流增加而升高。

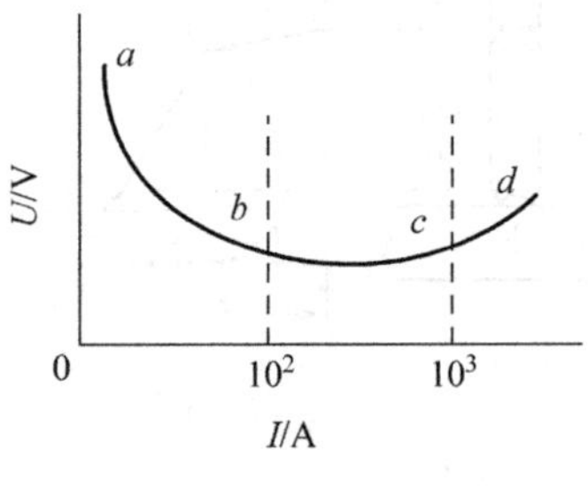

图 7-6 电弧静特性曲线

在一般情况下，电弧电压总是和电弧长度成正比地变化，当电弧长度增加时，电弧电压升高，其静特性曲线的位置也随之上升。

3. 焊接电弧的偏吹

在焊接过程中，因焊条偏心、气流干扰和磁场的作用，常会使焊接电弧的中心偏离焊条的轴线，这种现象称为电弧偏吹。电弧偏吹不仅使电弧燃烧不稳定，飞溅加大，熔滴下落时失去保护容易产生气孔，还会因熔滴落点的改变而无法正常焊接，直接影响焊缝的成形。

(1) 焊条偏心的影响

主要是焊条制造中的质量问题，因焊条药皮厚薄不均匀，使电弧燃烧时，药皮熔化不均，电弧偏向药皮薄的一侧，形成偏吹，如图 7-7 所示。所以施焊前应检查焊条的偏心度。

(2) 气流的影响

由于焊接电弧是一个柔性体，气体的流动将会使电弧偏离焊条轴线方向。特别是大风中或狭小通道内的焊接作业，空气的流速快，会造成电弧的偏吹。

(3) 磁场的影响

在使用直流弧焊机施焊过程中，常会因焊接回路中产生的磁场在电弧周围分布不均而引起电弧偏向一边，形成偏吹。这种偏吹叫磁偏吹。

造成磁偏吹的原因主要有下列几种。

① 连接焊件的地线位置不正确，使电弧周围磁场分布不均，如图 7-8 所示，电弧会向磁力线稀疏的一侧偏吹。

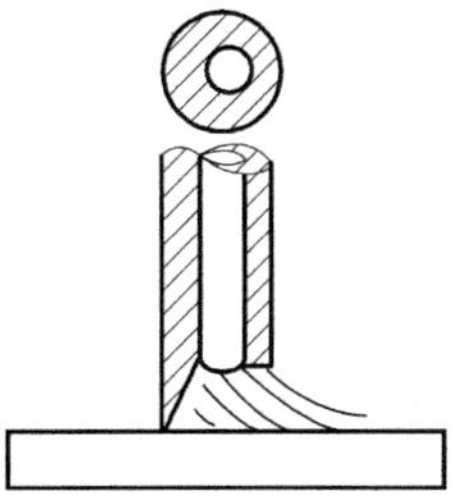

图 7-7 焊条偏心度过大

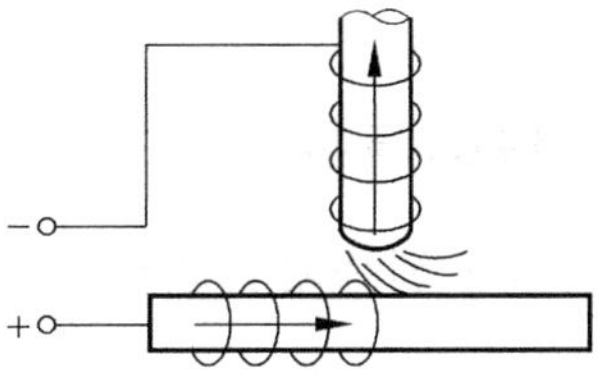

图 7-8 接地线位置不正确

② 电弧附近有铁磁物质存在，电弧将偏向铁磁物质一侧，引起偏吹，如图 7-9 所示。

③ 在焊件边缘处施焊，使电弧周围的磁场分布不平衡，也会产生电弧偏吹，如图 7-10 所示。

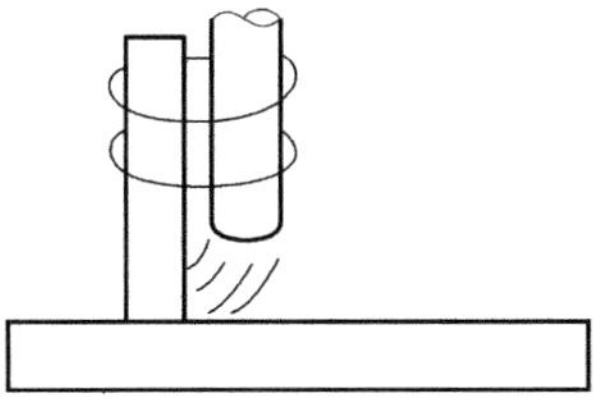

图 7-9 铁磁性物质对电弧偏吹的影响

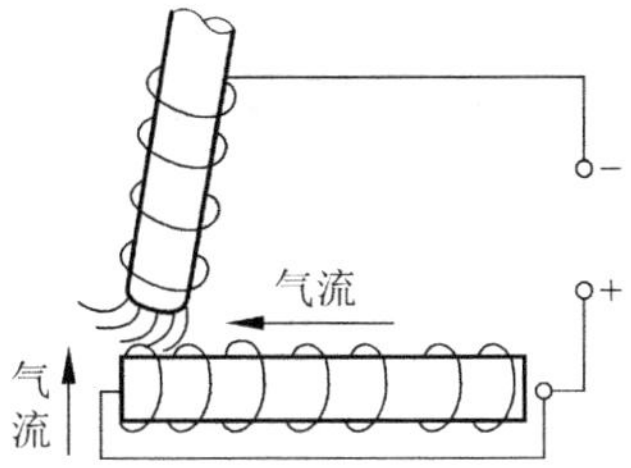

图 7-10 在焊件边缘施焊的电弧偏吹

磁偏吹一般在焊接焊缝起头、收尾时容易出现，特别是起头处。

总之，只有在使用直流弧焊机时才会产生电弧磁偏吹，焊接电流越大，磁偏吹现象越严重。而对于交流焊接电源来说，一般不会产生明显的磁偏吹现象。

克服电弧偏吹的措施如下。

(1) 在条件许可的情况下，尽可能使用交流弧焊电源焊接。

(2) 室外作业可用挡板遮挡大风或“穿堂风”,以对电弧进行保护。

(3) 将连接焊件的地线同时接于焊件两侧,可以减小磁偏吹,如图 7-11 所示。

(4) 操作时出现电弧偏吹,可适当调整焊条角度,使焊条向偏吹一侧倾斜。这种方法在实际工作中较为有效,如图 7-12 所示。

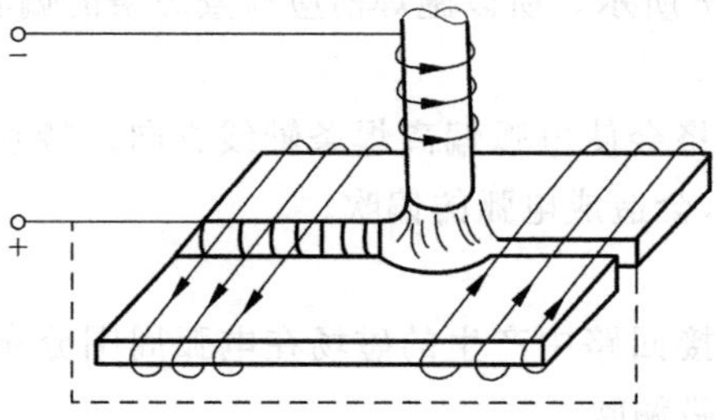

图 7-11 改变焊件接线位置克服磁偏吹

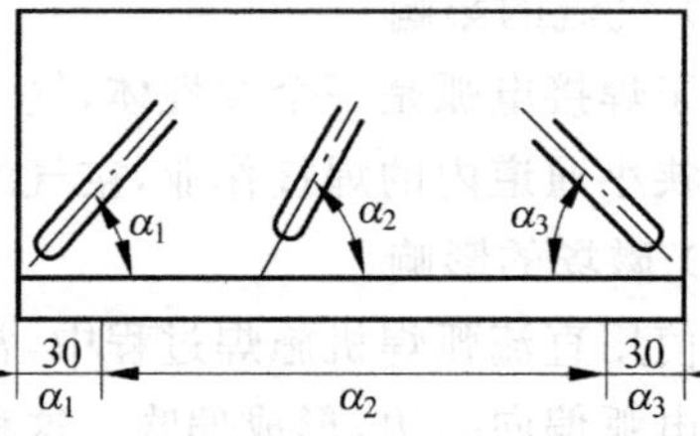

图 7-12 为了防止磁偏吹角度的变化

$\alpha_1=40°\sim50°$ $\alpha_2=60°\sim70°$ $\alpha_3=40°\sim50°$

7.3 堆焊操作技能训练

一、训练目的与要求

训练定点堆焊;训练耐腐蚀和耐磨的操作技能,控制焊道之间过渡的能力。

二、训练准备工作

(1) 练习焊件:材质 Q235B,尺寸 250mm×100mm×6mm。

(2) 焊条:型号 E4303(J422),直径 ϕ3.2mm,型号 E316L(A022),直径 ϕ3.2mm。

(3) 焊接设备及工具:焊机 BX1-300 或 ZX7-300。

(4) 辅助工具:钢丝刷、敲渣锤、钢直尺等。

三、操作步骤与要领

(1) 清理工件,画出定点堆焊的位置,如图 7-13 所示。

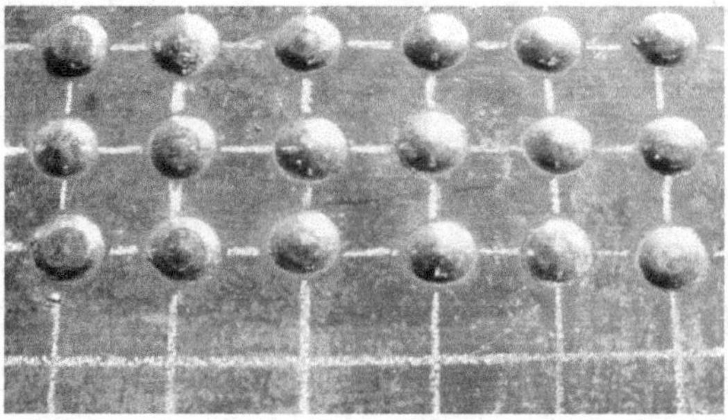

图 7-13 定点堆焊的位置

(2) 做好劳动防护，焊机接通电源，调节焊接电流。

(3) 练习定点堆焊，一人一点向高度方向堆焊，如图 7-14 所示。

(4) 采用直线运条法堆焊焊道，注意焊道之间的连接要合理，后一焊道覆盖前一焊道 1/3～1/2。并注意操作时按前面练习过的起头、运条、连接、收尾的要领进行练习，如图 7-15 所示。

图 7-14 定点高度堆焊

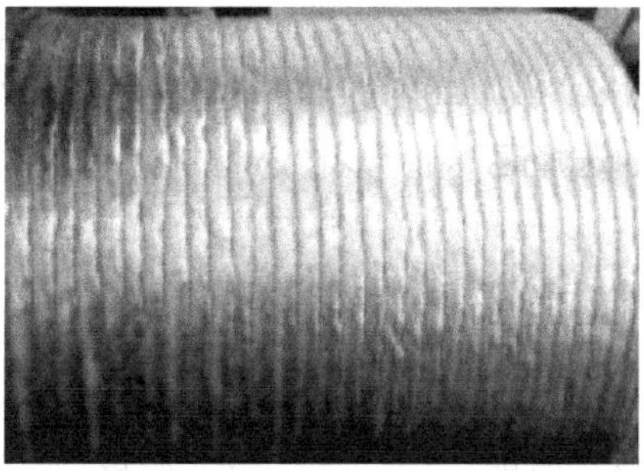

图 7-15 直线运条法堆焊

四、考核要求

(1) 正确使用工具及防护用品。

(2) 焊缝起头、连接、运条与收尾方法正确。

(3) 堆焊开头和收尾处无明显缺陷，尤其是无过高和弧坑。

(4) 焊道之间基本平滑，无过高和凹坑，表面基本平整。

(5) 小组成员间具有良好团队合作精神。

复习思考题

一、填空题

1. 在由焊接电源供给的具有一定________的两电极间或焊件间的气体介质中，产生________而________的放电现象，称为焊接电弧。

2. 焊接时，使气体介质电离的方式主要有________、________和________。

3. ________和________是电弧产生和维持的重要条件。

4. 焊接时，由于阴极吸收能量方式的不同，产生电子发射有________、________、________三种形式。

5. 手工电弧焊的电弧静特性曲线为________特性区；埋弧自动焊在正常电流密度下焊接时，其静特性为________特性区，若采用大电流密度焊接，其静特性为________特性区；钨极氩弧焊采用小电流焊接时，其静特性为________特性区，若采用大电流焊接，其静特性为________特性区。

6. 为增大或________焊件尺寸，或使焊件表面获得具有________的熔敷金属而进行的焊接称为堆焊。

二、判断题

1. 弧焊时，电弧拉长，电弧电压降低；电弧缩短，电弧电压增加。（　　）
2. 焊接电弧中，阳极斑点的温度总是高于阴极斑点的温度。（　　）
3. 所有焊接方法的电弧静特性曲线，其形状都是一样的。（　　）
4. 焊机输出端不能形成短路，否则电源熔丝将被熔断。（　　）
5. 操作时出现电弧偏吹，可适当调整焊条角度，使焊条向偏吹一侧倾斜。（　　）
6. 由于焊接电弧是一个柔性体，气体的流动将会使电弧偏离焊条轴线方向。（　　）

三、选择题

1. 可以提高焊接电弧稳定性的方法是（　　）。

A. 减小焊接电流　B. 减小弧长

C. 采用交流电源　D. 在焊条药皮中加入氯化物

2. （　　）区对焊条与母材的加热和熔化起主要作用。

A. 阴极　B. 阳极　C. 弧柱　D. 阴极和阳极

3. 在焊接参数中，不能影响焊接电弧稳定性的因素是（　　）。

A. 焊接电流的种类　B. 电源空载电压

C. 焊条药皮　D. 焊接速度

4. 焊条电弧焊在正常的焊接电流范围内，电弧电压主要与（　　）有关。

A. 焊接电流　B. 焊条直径　C. 电弧长度　D. 电极材料

5. 不会引起电弧偏吹的因素是（　　）。

A. 焊条偏心　B. 气流的干扰　C. 磁场的作用　D. 电流的变化

6. 采用（　　）的方法，不能防止或减少焊接电弧偏吹。

A. 短弧焊　B. 调整焊条角度

C. 交流电源　D. 直流电源

四、问答题

1. 焊接电弧的实质是什么？
2. 电弧产生和维持的重要条件是什么？各有哪些方式？
3. 什么是电弧静特性？不同焊接方法的电弧静特性是否相同？为什么？
4. 什么是电弧磁偏吹？磁偏吹有哪些危害？应如何克服磁偏吹？
5. 请小结堆焊的操作要点。

项目8

平板对接双面焊接操作技能训练

平板对接双面焊接(以下称为平对接焊)是在平焊位置上焊接对接接头的一种操作方法,如图 8-1 所示。

平对接焊的特点是熔滴金属主要靠自重向熔池过渡,操作技术较易掌握,比较容易控制焊缝成形,焊缝表面美观,可用大直径焊条和较大电流施焊,生产效率高。平对接焊是生产实践活动中应用最广泛的操作方法之一。

学习目标

完成本项目学习后,你应当能:

1. 正确掌握焊接参数的选用。
2. 掌握定位焊缝的焊接要求。
3. 能够正确使用角磨机和碳弧气刨。
4. 掌握平板对接双面焊接操作技能。

8.1 焊接工艺基础知识

焊接工艺参数是指焊接时为保证焊接质量而选定的各项参数的总称。

手工电弧焊的焊接工艺参数通常包括焊条的选择、焊接电流、电弧电压、焊接速度、焊接层数等。正确选择焊接工艺参数是获得质量优良的焊缝和较高的生产率的关键。这就需要在生产实践中去摸索、体验,从中积累经验,最终掌握操作技能。

一、焊条的选择

1. 焊条牌号的选择

通常根据所焊钢材的力学性能、化学成分、工作环境等方面的要求，以及焊接结构承载的情况和弧焊设备的条件等综合考虑焊条的牌号。

2. 焊条直径的选择

焊条直径大小的选择与下列因素有关。

(1) 焊件的厚度：焊件厚度大于5mm应选择4.0mm、5.0mm直径的焊条；薄焊件的焊接，则应选用2.5mm、3.2mm直径的焊条。

(2) 焊缝的位置：在板厚相同的条件下，平焊焊缝选用的焊条直径比其他位置焊缝大一些，但一般不超过5mm，立焊一般使用3.2mm、4.0mm直径的焊条，仰焊、横焊时，为避免熔化金属下淌，得到较小的熔池，选用的焊条直径不超过4mm。

(3) 焊接层数：进行多层焊时，为保证第一层焊道根部焊透，打底焊应选用直径较小的焊条进行焊接，以后各层可选用较大直径的焊条。

(4) 接头形式：搭接接头、T形接头因不存在全焊透问题，所以应选用较大的焊条直径，以提高生产率。

二、焊接电流

焊接时，适当加大焊接电流，可以加快焊条的熔化速度，从而提高工作效率，但是过大的焊接电流，会造成焊缝咬边、焊瘤、烧穿等缺陷，而且金属组织还会因过热发生性能变化。选择焊接电流的主要依据是焊条直径、焊缝位置、焊条类型，特别是凭焊接经验来调节合适的焊接电流。

1. 根据焊条直径来选择

焊条直径一旦确定下来，也就限定了焊接电流的选择范围，见表8-1。因为不同的焊条直径均有不同的许用焊接电流范围，若超出许用范围，就会直接影响焊件的力学性能。

表8-1 焊接电流与焊条直径的关系

焊条直径/mm	焊接电流/A	焊条直径/mm	焊接电流/A
2.0	40～65	4.0	160～210
2.5	50～80	5.0	200～270
3.2	100～130	6.0	260～300

2. 根据焊缝位置选择

在相同焊条直径条件下，平焊时，熔池中的熔化金属容易控制，可以适当选择较大的焊接电流，立焊和横焊时的焊接电流比平焊时应减小10%～15%，而仰焊时要比平焊减小10%～20%。

3. 根据焊条类型选择

在焊条直径相同时，奥氏体不锈钢焊条使用的焊接电流要比碳钢焊条小些，碱性焊条要比酸性焊条使用的焊接电流小些。

4. 根据焊接经验选择

(1) 焊接电流过大时：焊接爆裂声大，熔滴向熔池外飞溅；而且熔池也大，焊缝成形宽而低，容易产生烧穿、焊瘤、咬边等缺陷；过大的电流使焊条熔化到大半根时，余下部分焊条均已发红。

(2) 焊接电流过小时：焊缝窄而高，熔池浅，熔合不良，会产生未焊透、夹渣等缺陷；还会出现熔渣超前，与液态金属分不清。

(3) 合适的焊接电流：熔池中会发出煎鱼般的声音；运条过程中，以正常的焊接速度移动，熔渣会半盖半露着熔池，液态金属和熔渣容易分清；焊缝金属与母材呈圆滑过渡，熔合良好；在操作过程中，有得心应手之感。

三、电弧电压

电弧电压主要是影响焊缝的宽度，电弧电压越高，焊缝宽度越大。焊条电弧焊的电弧电压主要取决于电弧长度。弧长长，电弧电压高；弧长短，电弧电压低。焊条电弧焊时，电弧电压一般为 22～24V。

弧长对焊缝质量有很大影响，弧长过长，会造成电弧燃烧不稳定，周围空气易侵入焊接区使保护效果变差，容易产生气孔，而且熔深浅、熔化金属飞溅严重；但弧长过短，则会使观察和操作困难。因此，焊接时应该使用短弧焊接。短弧一般指弧长是焊条直径的 0.5～1.0 倍的电弧。

四、焊接速度

单位时间内完成的焊缝长度称为焊接速度。

对于手弧焊来说焊接速度是由焊工操作决定的，它直接影响焊缝成形的优劣和焊接生产率。焊接速度和电弧电压应在焊接过程中根据焊件的要求，凭焊工的焊接经验来灵活掌握。

五、焊接层数

当焊件较厚时，往往需要多层焊。多层焊时，后层焊道对前一层焊道重新加热和部分熔合，可以消除后者存在的偏析、夹渣及一些气孔。同时后层焊道还对前层焊道有热处理作用，能改善焊缝的金属组织，提高焊缝的力学性能。因此，对一些重要的结构，焊接层数多些为好，每层厚度最好不大于 4mm。

六、线能量

线能量是指熔焊时，由焊接能源输入给单位长度焊缝上的能量。线能量为：

$$q = \eta IU/v$$

式中，q——线能量，J/cm；

η——电弧有效功率系数；

I——焊接电流，A；

U——电弧电压，V；

v——焊接速度，m/h。

线能量对焊接接头会产生一定的影响。对于不同的钢材，线能量的最佳范围也不同，需要通过一系列试验来确定合适的线能量和焊接工艺参数。此外还应指出，线能量数据相同，而其中 I、U、v 的数值不一定相同，这些参数如配合不合理，还是不能得到良好性能的焊缝。因此要在合理的焊接工艺参数范围内反复试焊，才能确定最佳的线能量。

8.2 定位焊缝与正式焊缝

一、定位焊缝

定位焊是为装配和固定焊件接头的位置而进行的焊接。定位焊时形成的焊缝称为定位焊缝。

定位焊缝一般焊接时间短，焊缝质量不够稳定，容易产生各种焊接缺陷。而定位焊缝又作为正式焊缝留在焊缝中，因此定位焊缝的质量将直接影响整个焊接接头质量。焊接时，所用焊条、焊接工艺及焊工操作技术应与正式焊缝的焊接要求相同。定位焊缝的强度应能保证在装配和焊接过程中不发生破裂，因此定位焊缝必须有适当的长度和厚度，其尺寸一般根据工件的厚度和结构形式而定，定位焊缝的尺寸见表 8-2。

表 8-2 定位焊缝的尺寸 单位：mm

工件厚度	焊缝厚度	焊缝长度	间距
≤4	<4	5～10	50～100
4～12	3～6	10～20	100～200
>12	6～8	15～20	100～300

焊接定位焊缝必须由有一定经验的焊工进行，焊接时应注意以下几点。

(1) 焊接定位焊缝要注意工件装配尺寸，并必须做好焊前清理(清除油污、氧化皮、铁锈等)后进行。

(2) 焊接定位焊缝的焊接电流应比焊接正式焊缝的焊接电流大 10%～15%。

(3) 需预热的焊件，焊接定位焊缝时也应预热，预热温度与正式焊缝相同；定位焊缝不应有裂纹、夹渣、气孔、未焊透等焊接缺陷；定位焊缝的尺寸应小于正式焊缝。

(4) 为保证焊件结构尺寸的正确，定位焊的顺序及位置必须合理：平板工件装配时，定位焊应由中间向两边进行；定位焊缝不应布置在焊缝交叉处或焊缝方向急剧变化处，且距离应在 50mm 以上；对于有曲度的焊件，定位焊缝间距应适当缩小。

二、正式焊缝

正式焊缝的焊法按焊接面分为单面焊和双面焊；按焊透情况分为全焊透和部分焊透。

单面焊是在工件的一面进行焊接，用在狭小空间的焊接，对操作者的要求较高，质量很难控制。部分焊透焊缝一般采用I形坡口，板厚 $t<6$mm，质量要求不高的焊缝，焊缝厚度 $h\geqslant 2/3t$；全焊透焊缝一般采用V形、U形等坡口形式，板厚 $t\geqslant 3$mm，焊接时采用背面加垫板或单面焊双面成形操作技术。

双面焊是在工件的正面和背面进行焊接。生产中对接焊缝一般是全焊透焊缝，采用I形坡口、单侧V形坡口，正面施焊后，反面清根，再反面焊接。双面焊既可保证焊接质量，又能提高生产效率。

8.3　角向磨光机与碳弧气刨

对于全焊透的双面焊接的焊缝（焊后要求进行无损探伤，如UT和RT探伤合格的情况），在施焊完一面对反面施焊之前，使用适当的工具从反面对完成的焊缝根部清理的过程，称为清根。

为了保证焊接质量和控制工件的变形，一般薄工件采用角向磨光机，中厚工件采用碳弧气刨进行清根。

一、角向磨光机

1. 角向磨光机使用前的检查

（1）使用前，要确认角向磨光机（角磨机）所接电源电压必须符合角向磨光机铭牌的规定值。接通电源时，角向磨光机开关应处于"断开"位置，如图8-2所示。

（2）应认真检查砂轮片是否符合规定使用的增强纤维树脂砂轮，砂轮片的外径不得超过规定的最大规格。若所用砂轮片的保存期超过一年，必须先进行回转强度试验，合格后才可使用。

（3）使用前一定要检查角向磨光机是否有防护罩，防护罩是否稳固，以及角向磨光机的砂轮片安装是否稳固，如图8-3、图8-4所示。

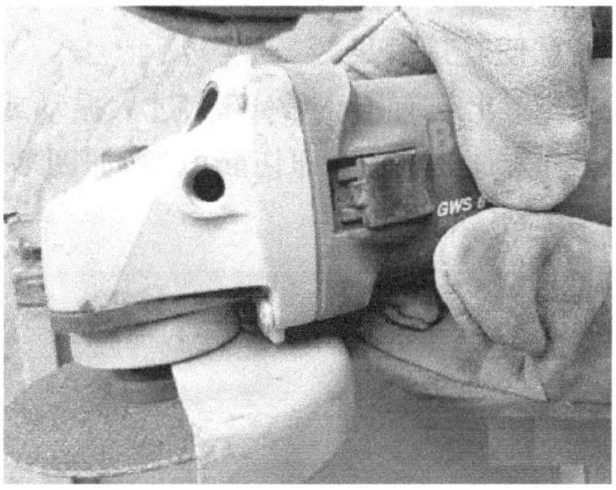

图8-2　接通电源前开关断开

2. 角向磨光机的正确操作

（1）要戴保护眼罩，穿好合适的工作服，不可穿过于宽松的工作服，更不要戴首饰或留长发，严禁戴手套及袖口不扣而操作。

图 8-3 检查角向磨光机防护罩

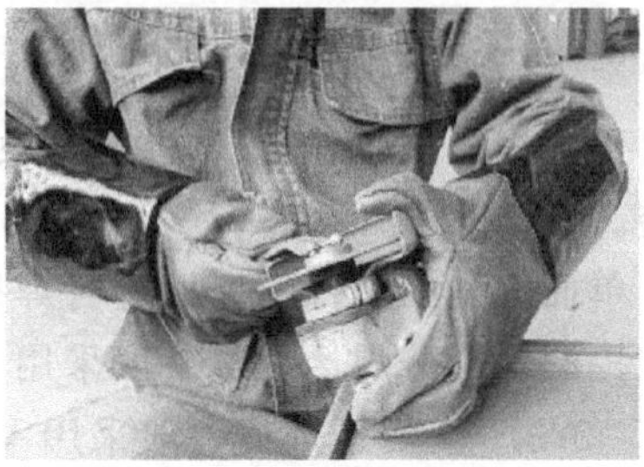

图 8-4 砂轮片安装稳固

(2) 使用时应先将角向磨光机空载试运行一下，再接触被加工的工件，严禁在角向磨光机已经与工件接触的状态下直接起动，进行作业。

图 8-5 打磨的操作方法

(3) 加工前固定好工件，砂轮片与工件的倾斜角度以 30°～40°为宜，如图 8-5 所示。切割时勿重压、勿倾斜、勿摇晃，根据材料的材质适度控制切割力度。

(4) 打磨时不可用力过猛，要徐徐均匀用力，以免砂轮片撞碎，如出现砂轮片卡阻现象，应立即将角向磨光机提起，以免烧坏角向磨光机或因砂轮片破碎，造成安全隐患。

(5) 角向磨光机工作时间较长而机体温度大于 50℃并有烫手的感觉时，请立即停机，待自然冷却后再行使用。

3. 维护与保养

(1) 经常检查电源线连接是否牢固，插头是否松动，开关动作是否灵活可靠。

(2) 角向磨光机的碳刷为消耗品，如图 8-6 所示，使用一段时间后要注意更换。更换时注意使其接触良好。

(3) 出现有不正常声音、过大振动或漏电，应立刻停用检查。维修、更换配件前，或离开工作场地时，应立即切断电源，如图 8-7 所示。

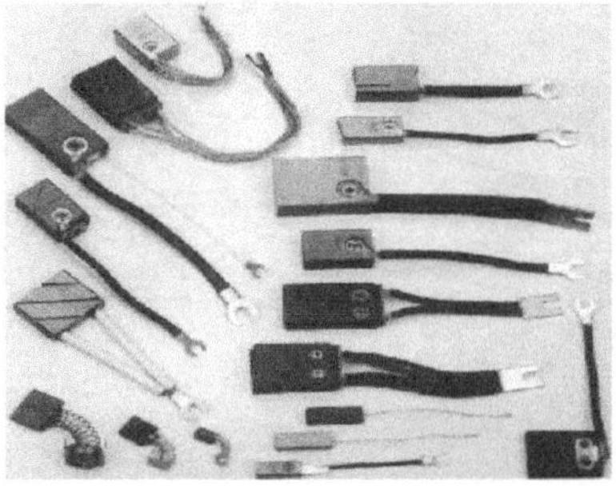

图 8-6 角向磨光机的碳刷

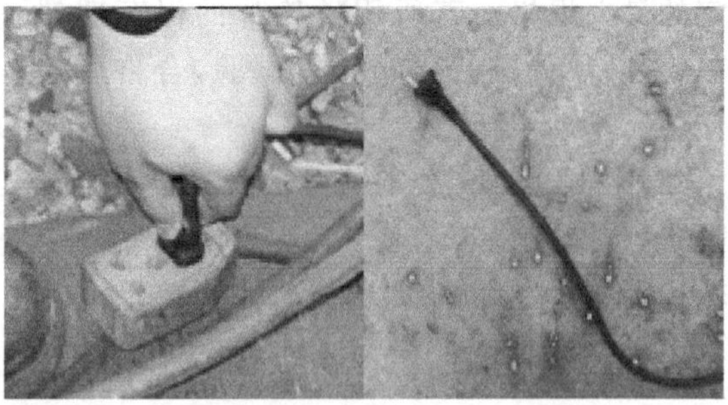

图 8-7 切断电源

(4) 注意检查角向磨光机的进、出风口不可堵塞，并清除工具任何部位的油污与灰尘。

二、碳弧气刨

1. 碳弧气刨的工作原理

碳弧气刨是利用在碳棒与工件之间产生的电弧热将金属熔化，同时用压缩空气将这些熔化金属吹掉，从而在金属上刨削出沟槽的一种热加工方法，如图 8-8 所示。

图 8-8 碳弧气刨工作图

2. 碳弧气刨的应用

(1) 双面焊接时，背面清焊根。

(2) 开坡口，特别是中、厚板对接坡口，管对接 U 形坡口。

(3) 清除焊缝中的缺陷。

(4) 清除铸件的毛边、飞刺、浇铸口及铸造缺陷。

3. 碳弧气刨设备及材料

(1) 碳弧气刨电源

气刨一般采用具有陡降外特性且动特性较好的直流电弧焊机作为电源。由于碳弧气刨一般使用的电流较大，且连续工作时间较长，因此，应选用功率较大的焊机，如图 8-9 所示。

(2) 空气压缩机

空气压缩机是工业现代化的基础产品。空气压缩机提供气源动力，是气动系统的核心设备，它是将原动机(通常是电动机)的机械能转换成气体压力能的装置，是压缩空气的气压发生装置，如图 8-10 所示。

图 8-9 碳弧气刨电源

图 8-10 空气压缩机

(3) 碳弧气刨枪

碳弧气刨枪的电极夹头应导电性良好、夹持牢固，外壳绝缘及绝热性能良好，更换碳棒方便，压缩空气喷射集中而准确，重量轻、使用方便。碳弧气刨枪是在焊条电弧焊钳的基础上，增加了压缩空气的进气管和喷嘴而制成。碳弧气刨枪有侧面送气和圆周送气两种类型。

① 侧面送气气刨枪。侧面送气气刨枪的结构如图 8-11 所示，侧面送气气刨枪嘴结构如图 8-12 所示。

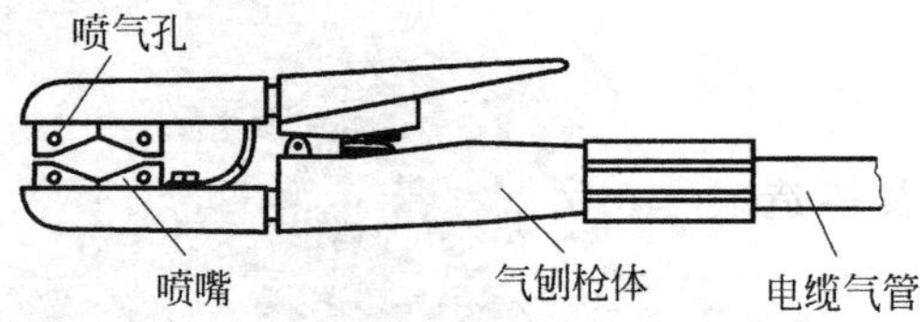

图 8-11 侧面送气气刨枪的结构

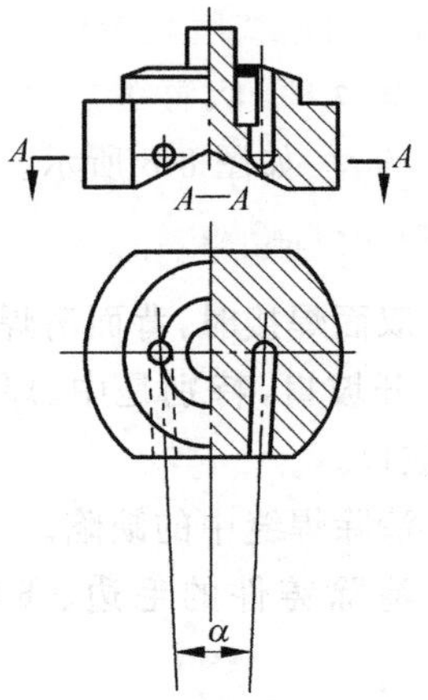

图 8-12 侧面送气气刨枪嘴结构

侧面送气气刨枪的优点：结构简单，压缩空气紧贴碳棒喷出，碳棒长度调节方便。缺点：只能向左或右单一方向进行气刨。

② 圆周送气气刨枪。圆周送气气刨枪只是枪嘴的结构与侧面送气气刨枪有所不同，圆周送气气刨枪嘴结构如图 8-13 所示。圆周送气气刨枪的优点：喷嘴外部与工件绝缘，压缩空气由碳棒四周喷出。碳棒冷却均匀，适合在各个方向操作。缺点：结构比较复杂。

(4) 碳棒

碳棒是由碳、石墨加上适当的粘合剂，通过挤压成形，焙烤后镀一层铜而制成的。碳棒主要有圆碳棒、扁碳棒和半圆碳棒三种，其中圆碳棒最常用，如图 8-14 所示。对碳棒的要求是耐高温，导电性良好，不易断裂，使用时散发烟雾及粉尘少。

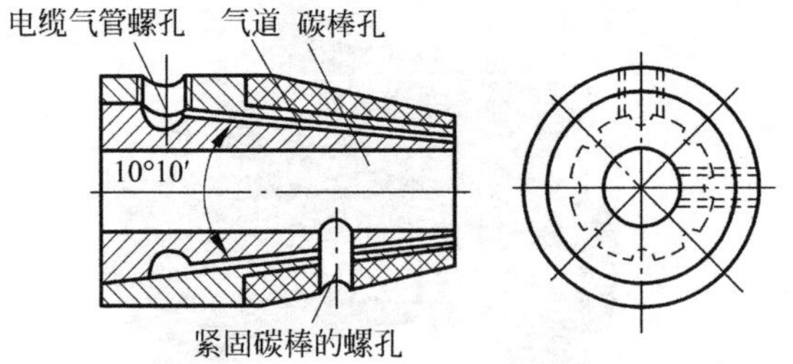

图 8-13 圆周送气气刨枪嘴结构

图 8-14 碳弧气刨的碳棒

4. 碳弧气刨工艺

(1) 电源极性

在碳弧气刨中，极性的选用一般根据被加工的金属而定，碳钢宜采用直流反接(工件接负极）。这样电弧稳定，熔化金属的流动性较好，凝固温度较低，因此反接时刨削过程稳定，电弧发出连续的唰唰声，刨槽宽窄一致，光滑明亮。铸铁、铜及铜合金碳弧气刨时，宜采用直流正极。

（2）碳棒直径

碳棒直径一般根据被加工金属的厚度来选择，也可根据刨槽的宽度来选择。根据所需要的刨槽宽度来选定，一般碳棒直径应比所要求的刨槽宽度小 2～4mm。

（3）刨削电流

刨削电流与碳棒直径成正比关系，一般可参照下面的经验公式选择刨削电流

$$I = (30 \sim 50)D$$

式中，I——电流，A；

D——碳棒直径，mm。

（4）刨削速度

刨削速度对刨槽尺寸、表面质量和刨削过程的稳定性有一定的影响，刨削速度须与电流大小和刨槽深度相匹配。刨削速度太快，易造成碳棒与金属短路、电弧熄灭，形成夹碳缺陷。一般刨削速度为 0.5～1.2m/min 为宜。

（5）压缩空气压力

压缩空气的压力会直接影响刨削速度和刨槽表面质量。压力高，可提高刨削速度和刨槽表面的光滑程度；压力低，则造成刨槽表面粘渣。一般要求压缩空气的压力为 0.4～0.6MPa。

（6）碳棒的外伸长

碳棒从导电嘴到碳棒端点的长度为外伸长，如图 8-15 所示。手工碳弧气刨时，外伸太长，压缩空气的喷嘴离电弧就远，造成风力不足，不能将熔渣顺利吹掉，而且碳棒也容易折断。一般外伸长为 80～100mm 为宜，当外伸长减少 20～30mm 时，应将外伸长重新调整。

（7）碳棒倾角

碳棒与刨件沿刨槽方向的夹角称为碳棒倾角。碳棒倾角的大小影响到刨槽的深度和刨削速度，倾角增大，槽深增加，刨削速度减小。碳棒的倾角一般为 30°～50°，如图 8-16 所示。碳棒倾角大小与刨槽深度的关系见表 8-3。

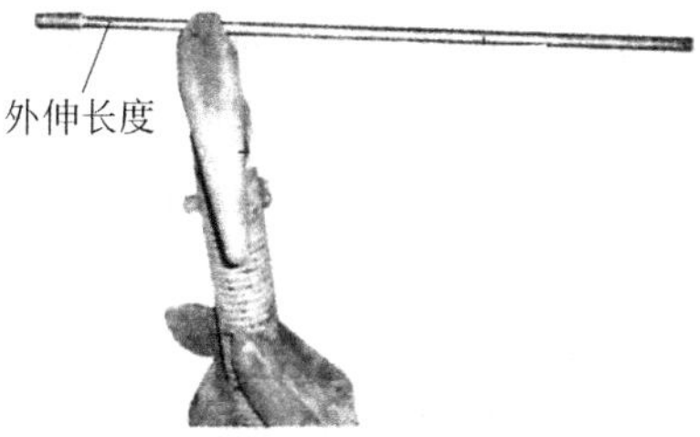

图 8-15　碳棒的外伸长

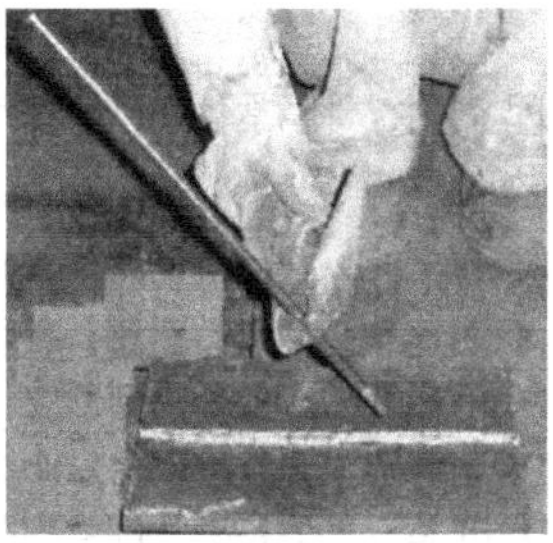

图 8-16　碳棒倾角

表 8-3 碳棒倾角与刨槽深度的关系

刨槽深度/mm	≤2.5	≤3.0	≤4.0	≤5.0	≤6.0	≤7.0
倾角	25°	30°	35°	40°	45°	50°

8.4 平板对接双面焊操作技能训练

一、训练目的与要求

巩固平敷焊的运条；强化焊缝起头、连接与收尾操作技能；学习角向磨光机的使用；练习碳弧气刨操作技能；理解对接焊缝的全熔透。

二、训练准备工作

(1) 练习焊件：材质 Q235B，尺寸 400mm×150mm×6mm。

(2) 焊条：型号 E4303(J422)，直径 ϕ3.2mm，ϕ4.0mm。

(3) 焊接设备及工具：焊机 BX1-300 或 ZX7-300。

(4) 辅助工具：角向磨光机、钢丝刷、敲渣锤、石笔、钢直尺等。

三、操作步骤与要领

1. 操作要求

板厚为 6mm 的平板对接双面焊，工件形式及焊道布置情况如图 8-17 所示。

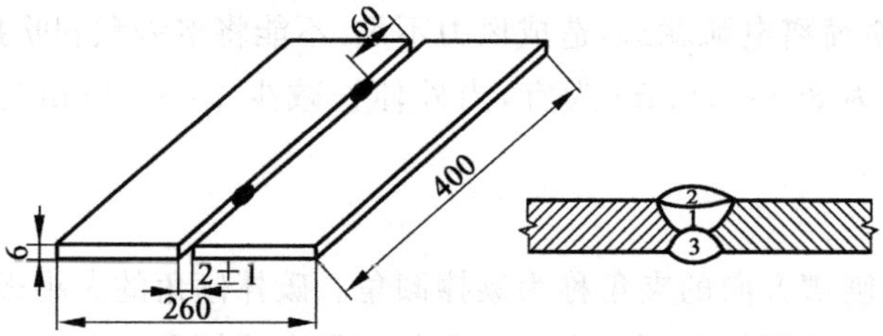

图 8-17 平板对接工件形式及焊道布置

2. 操作步骤

(1) 清理工件：将焊件正面和背面坡口及两侧 20mm 范围内的油污、铁锈及其他污染物清理干净。

(2) 工件装配与定位焊：装配间隙 $b=(2\pm1)$mm；错边量≤0.4mm；在工件的背面，距两端 60mm 处焊接定位焊缝，焊缝长度为 10～15mm，焊缝厚度为 3mm。

(3) 焊接工艺参数：各焊道选用的焊接工艺参数见表 8-4。

(4) 焊接过程：焊接时，焊条对准焊接接头的间隙，焊条与工件夹角为 90°，向后倾斜 10°～25°；采用直线运条法，连续施焊，熔池呈圆形或椭圆形状。

表 8-4 焊接工艺参数

焊　　道	焊条直径/mm	焊接电流/A	备　　注
正面焊缝底层	3.2	120～140	第 1 道焊缝
正面焊缝盖面	4.0	160～180	第 2 道焊缝
背面焊缝	3.2	130～150	第 3 道焊缝

① 正面焊缝焊接：焊接时在距工件端头 15mm 处引弧，之后将电弧拉回工件端头采用长弧预热 1～2s，压低电弧并将其长度控制在 2mm 左右，当熔深达 4mm 以上时，开始移动焊条，进入正常焊接过程。注意焊接速度应稍慢些，焊条后倾 25°。如发现铁水与熔渣混合不清时，可适当拉长电弧，同时将焊条后倾角加大，增加电弧向后的吹力作用，促使铁水与熔渣分离。收弧时注意填满弧坑。

盖面层焊缝的焊接方向与底层焊缝相反，避免焊缝接头重叠(接头应至少错开 20mm 以上)，为了使焊缝成形美观，应采用锯齿形运条法。

② 碳弧气刨：按工艺要求调整好参数，采用轻而快的操作方法。即气刨时手把下按轻一点，刨出的刨槽深度较浅，而刨削速度则略快一些，这样得到的刨槽底部呈 U 形，有时近似 V 形，但没有尖角部分。采用这种轻而快的手法，并取较大的电流时，刨削出的刨槽表面光滑，熔渣容易清除。

清除焊根后，对刨槽进行清理和打磨，以满足焊接的要求，如图 8-18 和图 8-19 所示。

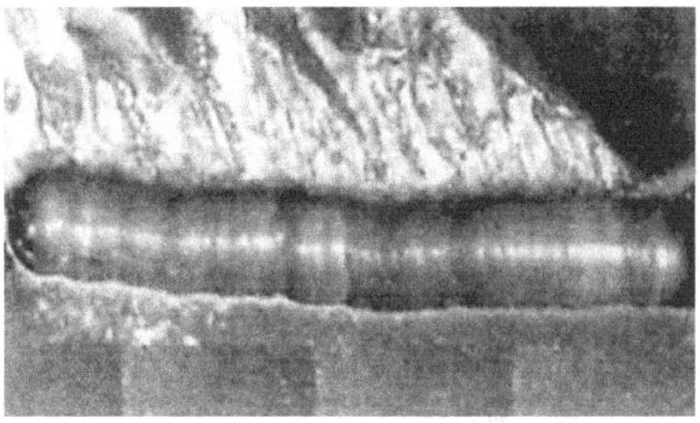

图 8-18　清根后未清渣的槽形

图 8-19　清根后清渣的槽形

③ 背面焊缝的焊接：背面焊缝焊接时与正面焊缝基本相同，但焊接速度应略快。

四、考核要求

(1) 正确使用工具及防护用品。

(2) 焊缝全焊透，焊缝表面不得有裂纹、气孔、夹渣、焊瘤及电弧擦伤等缺陷。

(3) 焊缝宽度为 6～10mm，焊缝宽度差≤3mm；余高为 0～3mm，余高差≤2mm。

(4) 允许缺陷尺寸限定：咬边深度小于或等于 0.3mm，且焊缝两侧咬边总长度小于或等于 40mm；错边量不得大于 0.6mm。

(5) 小组成员间具有良好团队合作精神。

复习思考题

一、填空题

1. 手工电弧焊焊接工艺参数通常包括________、________、________、________、________等。

2. 手工电弧焊时，焊条直径的选择与________、________、________和________几个因素有关。

3. 手工电弧焊时，弧焊电压主要由________来决定。电弧________，电弧电压就高；电弧________，电弧电压就低。

4. 对于一些重要的结构，焊接层数多些为好，每层厚度最好不大于________mm。

5. 碳弧气刨主要应用在________、________和________等。

二、判断题

1. 由于定位焊只起装配和固定焊件的作用，所以可以选用质量较差些的焊条。（　）

2. 使用角向磨光机时，砂轮片与工件的倾斜角度以 30°～40°为宜。（　）

3. 焊接速度就是指在单位时间内完成的焊缝长度。（　）

4. 当焊接速度增加时，焊缝的厚度和宽度都明显增加。（　）

5. 碳弧气刨使用的压缩空气不可以由空气压缩机提供。（　）

6. 常用的碳棒是镀铜的实心碳棒，镀铜是为了更好地引燃电弧。（　）

三、选择题

1. 焊接之前，应将坡口两侧（　）范围内的铁锈、油污、氧化皮等污物清理干净。

A. 10mm　B. 20mm　C. 50mm　D. 100mm

2. 进行定位焊的主要目的是（　）。

A. 防止焊接变形和尺寸误差　B. 保证焊透

C. 减小焊接应力　D. 减小热输入

3. 焊条直径大小的选择和（　）无关。

A. 焊接位置　B. 接头形式　C. 焊接速度　D. 焊件厚度

4. 焊接时发现焊条发红，药皮脱落，其原因是（　）。

A. 焊接电流太大　B. 焊接电流太小

C. 焊接电压过高　D. 焊速过大

5. 焊接层数主要与（　）有关。

A. 母材厚度　B. 焊接速度

C. 焊接电流　D. 电弧长度

6. 增加焊接热输入的方法是（　）。

A. 减小焊接电流　B. 降低电弧电压

C. 降低电弧热效率系数　D. 降低焊接速度

7. 碳弧气刨切割的金属材料不包括(　　)。

A. 中碳钢　　B. 低碳钢　　C. 超低碳不锈钢　　D. 铸铁

8. 碳弧气刨用的碳棒表面应镀金属(　　)。

A. 铜　　B. 铝　　C. 铬　　D. 镍

9. 低碳钢碳弧气刨后,在刨槽表面会产生一层(　　)。

A. 硬化层　　B. 渗碳层　　C. 脱碳层　　D. 氧化层

四、问答题

1. 焊条电弧焊的焊接参数有哪些?
2. 焊接时如何选择焊接电流?焊接电流是否越大越好?如何判断焊接电流的大小?
3. 什么是定位焊缝?焊接定位焊缝有何要求?
4. 如何选择碳弧气刨的工艺参数?
5. 请小结平板对接双面焊的操作要点。

项目9

平板对接单面焊双面成形操作技能训练

单面焊双面成形焊接技术是在焊件坡口的背面没有任何保护措施的条件下，只在坡口的正面进行施焊，而保证焊接后坡口的正面和反面都能得到焊缝波纹均匀美观、成形良好而且表面和内在的质量均符合要求的焊缝，如图 9-1 所示。

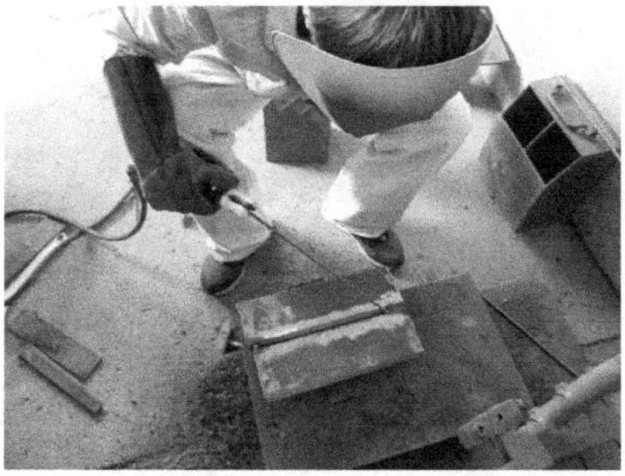

图 9-1　V 形坡口平板对接单面焊双面成形

单面焊双面成形焊接技术具有不受构件形状、尺寸和空间位置的限制，设备简单，工艺灵活，适应性强。因而，单面焊双面成形焊接操作技术广泛地应用于锅炉压力容器、高压管道以及某些重要焊接结构的焊接施工。对无法从背面清除焊根后重新施焊的焊件是必须采用的技术，也是当今国内外焊工技能考核的重要内容。

学习目标

完成本项目学习后，你应当能：

1. 掌握焊接接头的形式和焊缝的标注。

2. 掌握焊接坡口的作用与选用。

3. 能够正确选择坡口的加工方法。

4. 掌握平板对接单面焊双面成形的操作技能。

9.1　焊接接头与焊缝标注

一、焊接接头形式

用焊接方法连接的接头称为焊接接头(简称接头)。焊接接头由焊缝区、熔合区和热影响区三部分组成。

焊接接头的基本形式可分为对接接头、T形接头、角接接头、搭接接头四种。

1. 对接接头

两焊件端面相对平行的接头称为对接接头,如图9-2所示。对接接头是各种焊接结构中采用最多的一种接头形式。

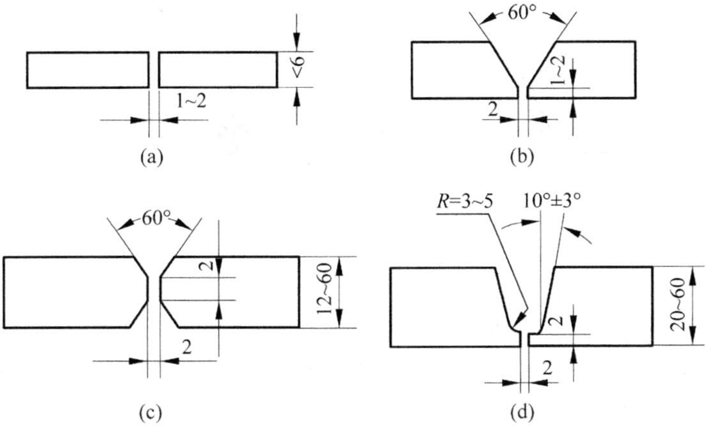

图9-2　对接接头

2. T形接头

一焊件的端面与另一焊件表面构成直角或近似直角的接头,称为T形接头,如图9-3所示。

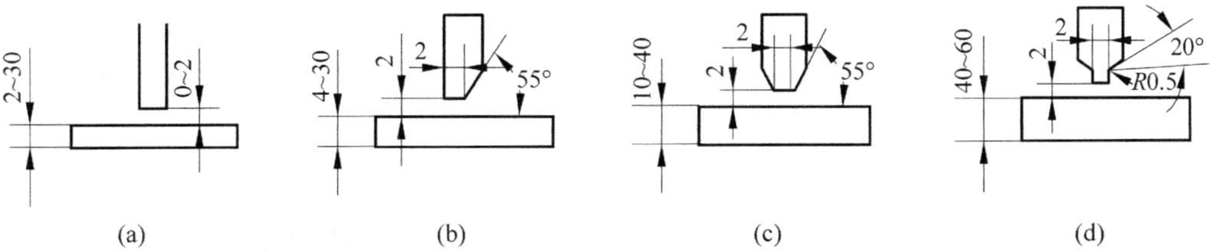

图9-3　T形接头

T形接头的使用范围仅次于对接接头，特别是造船厂的船体结构中，约70%的焊缝是这种接头形式。

3. 角接接头

两焊件端面间构成大于30°、小于135°夹角的接头，称为角接接头，如图9-4所示。

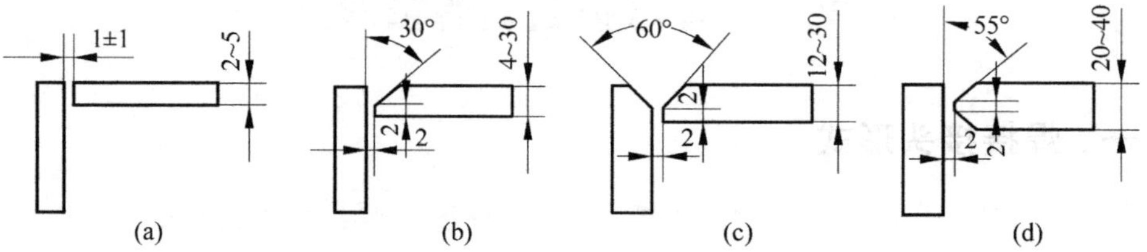

图9-4 角接接头

角接接头承受荷载能力较差，一般用于不重要的结构中，根据的厚度不同可分为I形坡口、单边V形坡口、带钝边V形坡口。开坡口的角接接头在一般结构中较少采用。

4. 搭接接头

两焊件部分重叠构成的接头称为搭接接头，如图9-5所示。

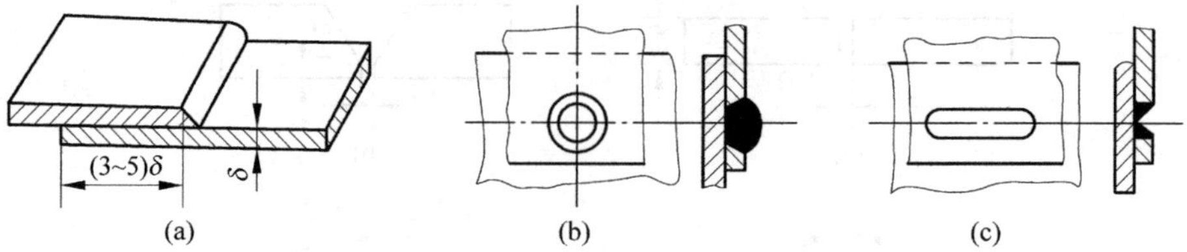

图9-5 搭接接头

搭接接头根据其结构形式和对强度的要求不同，可分为I形坡口、塞焊缝或槽焊缝。

搭接接头重叠部分为3～5倍板厚，并采用双面焊接。这种接头的装配要求不高，但承载能力低，只用在不重要的结构中。当结构重叠部分的面积较大时，为了保证结构强度，可根据需要分别选用圆孔塞焊缝和长槽焊缝的形式。

二、焊缝符号

为了简化图样上焊缝的表示方法，一般使用符号表示焊缝。焊缝符号由基本符号和指引线组成。必要时还可以加上辅助符号、补充符号和焊缝尺寸符号等。

1. 基本符号

基本符号是表示焊缝横剖面形状的符号，它采用近似于焊缝横剖面形状的符号表示，见表9-1。基本符号采用实线绘制。

2. 辅助符号

辅助符号是表示焊缝表面形状特征的符号，线宽要求同基本符号，见表9-2。不需确切地说明焊缝的表面形状时，可以不用辅助符号。

表 9-1 基本符号

序号	焊缝名称	示意图	符号
1	I 形焊缝	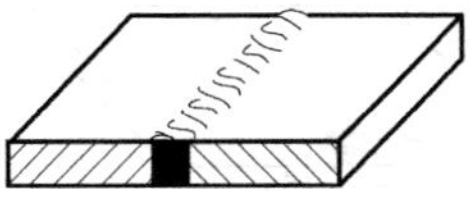	
2	V 形焊缝	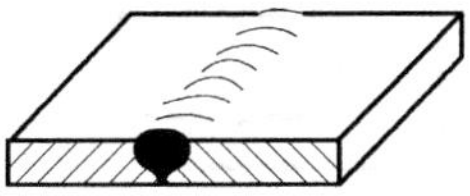	
3	单边 V 形焊缝	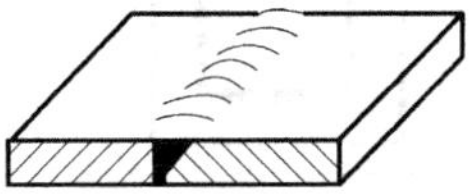	
4	角焊缝	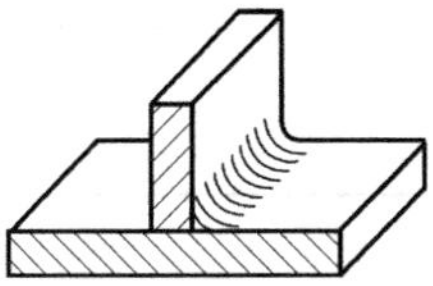	
5	点焊缝	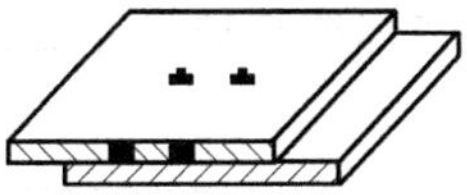	
6	U 形焊缝	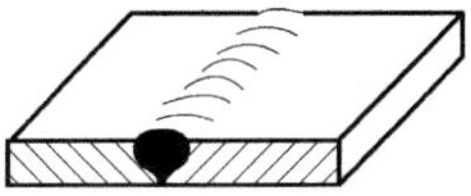	

表 9-2 辅助符号

序号	名称	示意图	符号	说明
1	平面符号			焊缝表面齐平
2	凹面符号	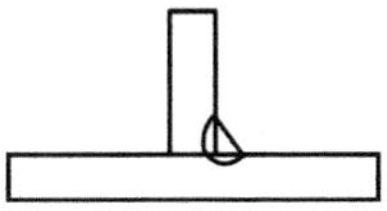		焊缝表面凹陷
3	凸面符号			焊缝表面凸起

3. 补充符号

补充符号是为了补充说明焊缝的某些特征而采用的符号，见表 9-3。

表 9-3　补充符号

序号	名　称	示　意　图	符号	说　明
1	带垫板符号	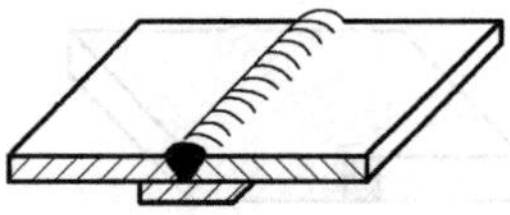	□	表示焊缝底部有垫板
2	三面焊缝符号	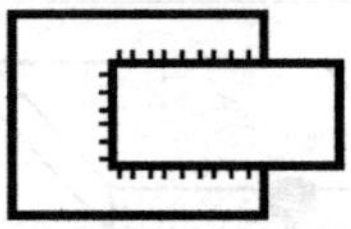	⊏	表示三面带有焊缝
3	周围焊缝符号	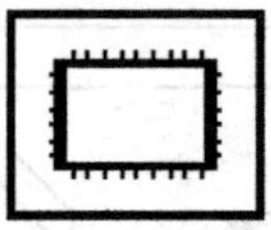	○	表示环绕工件周围焊缝
4	现场符号			表示在现场或工地上进行
5	尾部符号		<	可以参照《焊接及相关方法代号》(GB/T 5185—2005)

4. 尺寸符号

焊缝尺寸符号是表示坡口和焊缝特征尺寸的符号，见表 9-4。

表 9-4　尺寸符号

符号	名　称	示意图	符号	名　称	示意图
δ	工件厚度	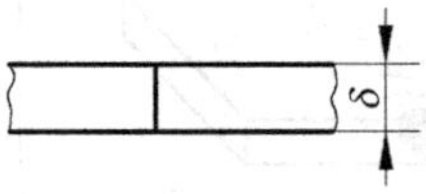	C	焊缝宽度	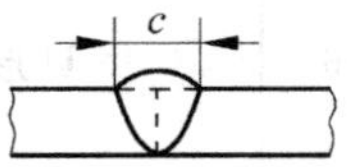
α	坡口角度	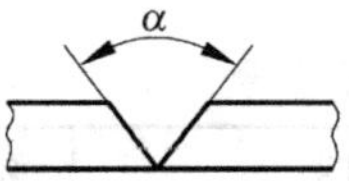	R	根部半径	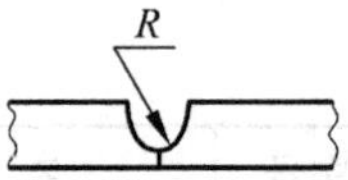
b	根部间隙	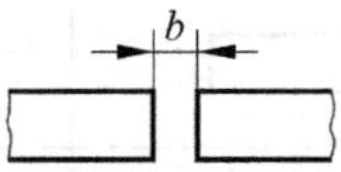	l	焊缝长度	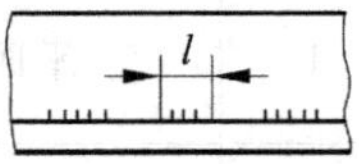
p	钝边高度	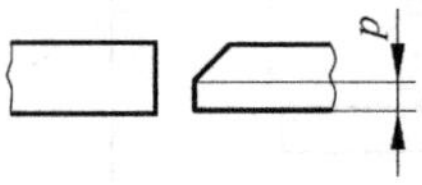	n	焊缝段数	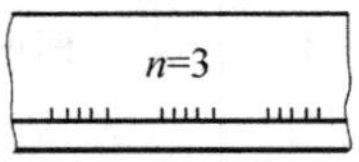

5. 指引线

指引线一般由带箭头的箭头线和两条基准线（一条为实线，另一条为虚线）两部分组成，如图 9-6 所示。必要时，可在基准线的实线末端加一尾部符号，进行其他说明用（如焊接方法等）。

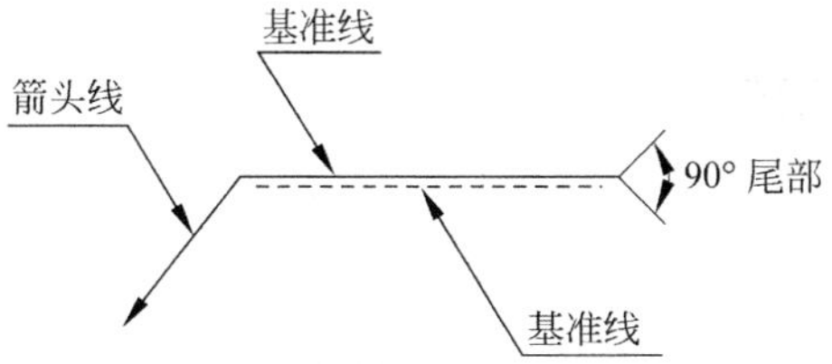

图 9-6 标注焊缝的指引线

三、焊接方法

在焊接结构图样上，为了简化焊接方法的标注和说明，GB/T 5185—2005 中规定了6类99种焊接方法的代号，常用主要焊接方法的代号见表9-5。

表 9-5 常用主要焊接方法的代号

焊接方法	代号	焊接方法	代号
电弧焊	1	钎焊	9
手工电弧焊	111	等离子弧焊	15
埋弧焊	12	电阻焊	2
熔化极惰性气体保护焊(MIG)	131	氧乙炔焊	311
熔化极非惰性气体保护焊(MAG)	135	压焊	4
钨极惰性气体保护焊(TIG)	141	电渣焊	72

四、标注方法

基准线一般应与图样的底边平行，但在特殊条件下也可与底边垂直。基准线的虚线可以画在基准线的实线上侧或下侧。当箭头线直接指向焊缝正面时(即焊缝与箭头线在接头的同侧)，基本符号应标注在基准线的实线侧；反之，基本符号应标注在基准线的虚线侧，如图9-7所示。

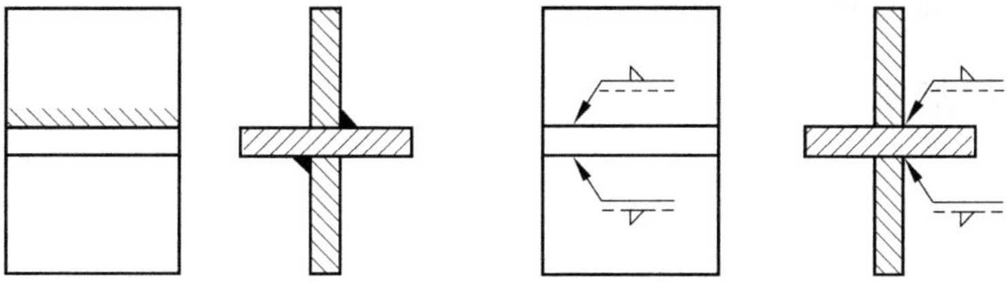

图 9-7 基本符号相对基准线的位置

焊缝尺寸符号及数据的标注位置如图9-8所示。

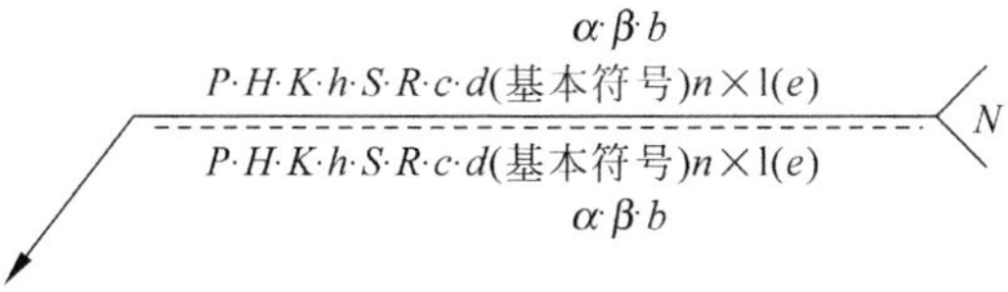

图 9-8 焊缝尺寸符号及其标注位置

五、焊缝的标注示例

焊缝的标注示例见表 9-6。

表 9-6 焊缝的标注示例

<table>
<tr><th>序号</th><th>焊 缝 形 式</th><th>标 注 示 例</th><th>说 明</th></tr>
<tr><td>1</td><td>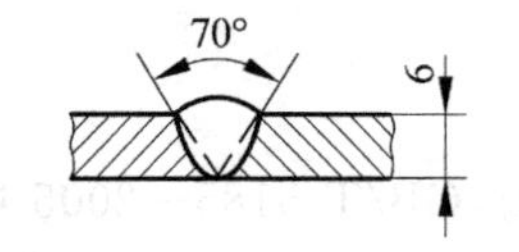</td><td>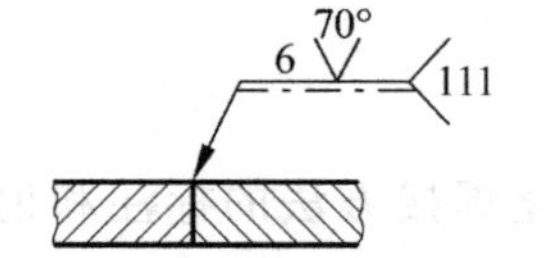</td><td>对接 V 形焊缝，坡口角度为 70°，有效厚度为 6mm，手工电弧焊</td></tr>
<tr><td>2</td><td>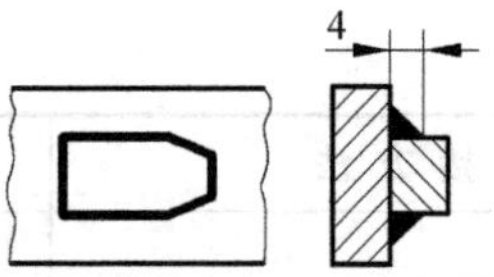</td><td>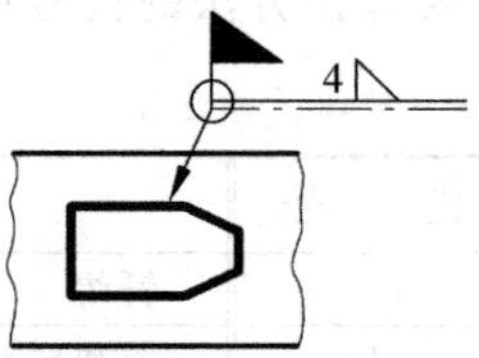</td><td>搭接角焊缝，焊角尺寸为 4mm，在现场沿工件周围施焊</td></tr>
<tr><td>3</td><td>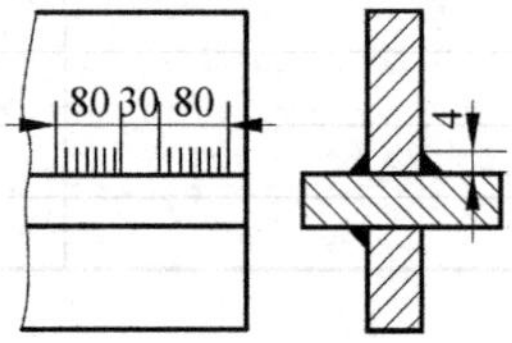</td><td>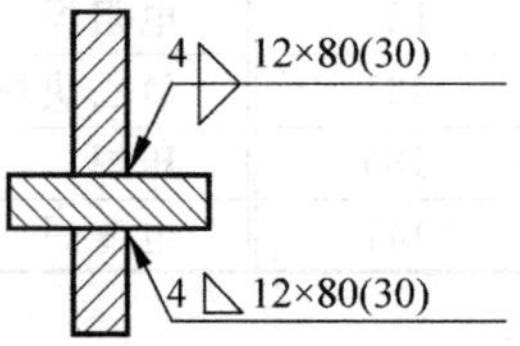</td><td>断续三面角焊缝，焊角尺寸为 4mm，焊缝长度为 80mm，焊缝间距为 30mm，三处焊缝各有 12 段</td></tr>
</table>

9.2 坡口的形式与加工

钢板厚板在 6mm 以下的焊件，一般不开坡口，为使焊接时达到一定的熔透深度，留有 1～2mm 的根部间隙。对于厚板大于 6mm 全熔透的对接焊缝必须开坡口。

一、坡口形式

1. 坡口基本形式

坡口是指根据设计或工艺需要，在焊件的待焊部位加工并装配成的一定几何形状的沟槽。根据坡口的形状，坡口分成 I 形(不开坡口)、V 形、带钝边 V 形(Y 形)、带钝边 X 形(双 Y 形)、U 形、双 U 形、单边 V 形、双单边 Y 形、K 形及其组合和带垫板等多种坡口形式。常用的坡口形式主要有 I 形(不开坡口)、V 形(Y 形)、U 形、X 形(双 V 或双 Y 形)等四种，其特点见表 9-7。

2. 坡口的作用及清理

坡口的主要作用如下。

(1) 使电弧深入坡口根部，保证根部焊透。

(2) 便于清除焊渣。

表 9-7 V、U、X 形坡口的比较

坡口形式	比较条件			
	加工	焊缝填充金属量	焊件翻转	焊后变形
V 形	方便	较多	不需要	较大
U 形	复杂	少	不需要	小
X 形	方便	较少	需要	较小

(3) 获得较好的焊缝成形。

(4) 调节焊缝中熔化的母材和填充金属的比例(即熔合比)。

坡口面及周围区域存在的油污、水分、铁锈及其他污物及有害杂质,会造成气孔、裂纹、夹渣、未熔合、未焊透等焊接缺陷,因此焊接之前应将坡口表面及两侧 20mm 范围内的污物清理干净,露出金属光泽,保证焊接质量。坡口清理的方法有机械方法和化学方法。

3. 选择坡口的原则

为获得高质量的焊接接头,应选择适当的坡口形式。坡口的选择,主要取决于母材厚度、焊接方法和工艺要求。选择时,应注意以下问题。

(1) 尽量减少填充金属量。

(2) 坡口形状容易加工。

(3) 便于焊工操作和清渣。

(4) 焊后应力和变形尽可能小。

二、坡口的加工

根据焊件的尺寸、形状及加工条件确定,有以下方法。

1. 剪边

以剪板机剪切加工,常用于 I 形坡口,如图 9-9 所示。

2. 刨边

用刨床(图 9-10)或刨边机(图 9-11)加工,常用于板件加工。

图 9-9 使用剪板机加工

图 9-10 使用刨床加工

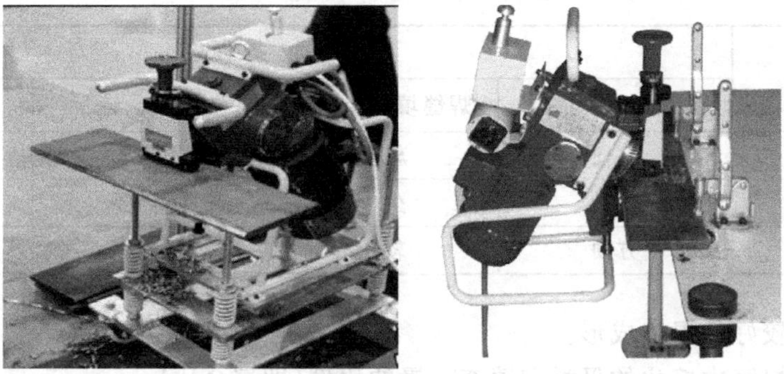

图 9-11 使用刨边机加工

3. 车削

用车床(图 9-12)或管子坡口机(图 9-13)加工,适用于管子加工。

图 9-12 使用车床加工

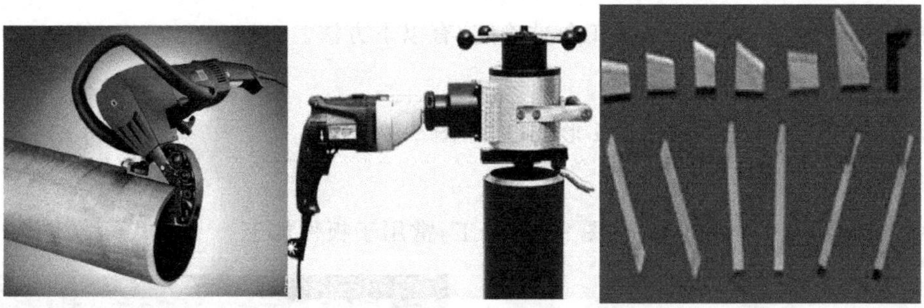

图 9-13 使用管子坡口机及刀具加工

4. 切割

用氧乙炔火焰手工切割、半自动切割机切割或自动切割机切割加工成 I 形、V 形、X 形和 K 形坡口,如图 9-14 所示。

5. 碳弧气刨

碳弧气刨主要用于清理焊根时的开槽,效率较高、劳动条件较差,如图 9-15 所示。

(a) 使用半自动切割机加工

(b) 使用自动切割机加工

图 9-14　切割加工

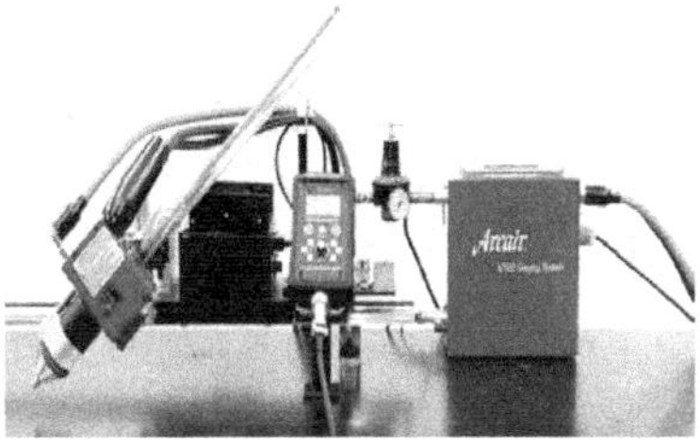

(a) 使用碳弧气刨机加工

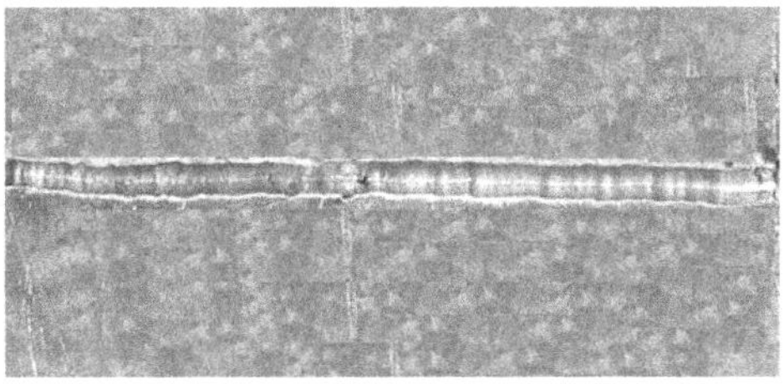

(b) 清理焊根时的开槽

图 9-15　碳弧气刨加工

6. 铲削或磨削

用手工或风动、电动工具铲削(图 9-16)或使用砂轮机、电磨头(图 9-17)磨削加工,效率较低,多用于焊接缺陷返修部位的开槽。坡口加工质量对焊接过程有很大影响,应符合图样或技术条件要求。

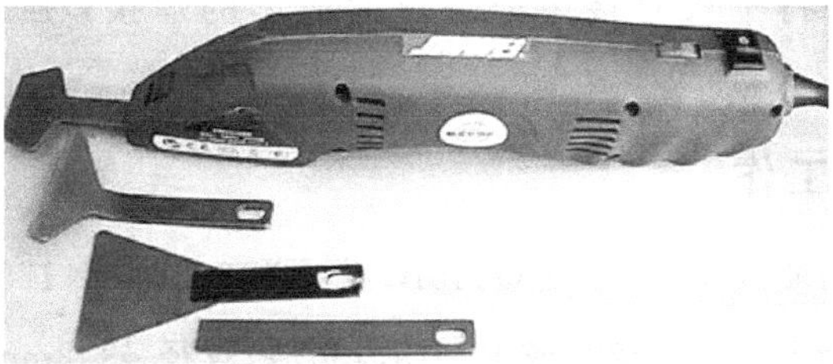

图 9-16　电铲

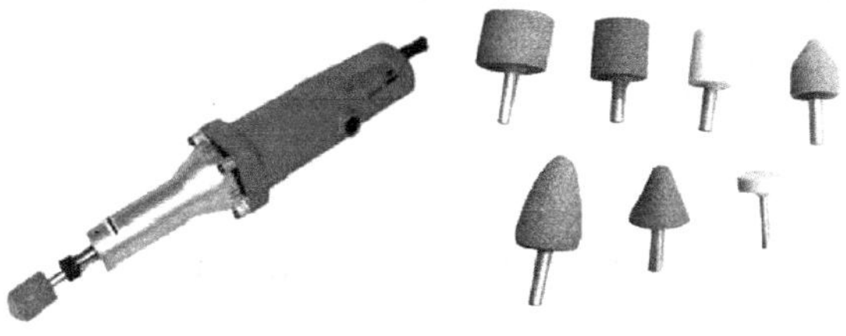

图 9-17　电磨头

三、削薄处理

对于重要焊接结构，如果两板厚度差($\delta-\delta_1$)不超过表 9-8 的规定，焊接接头的坡口基本形式与尺寸按厚板的尺寸数据选取。

如果两板厚度差超过表 9-8 的规定，应在厚板上进行单面或双面削薄，如图 9-18 所示，其削薄长度为 $L\geqslant 3(\delta-\delta_1)$。

表 9-8 允许厚度差 单位：mm

薄板厚度 δ_1	2～5	5～9	9～12	≥12
允许厚度差($\delta-\delta_1$)	1	2	3	4

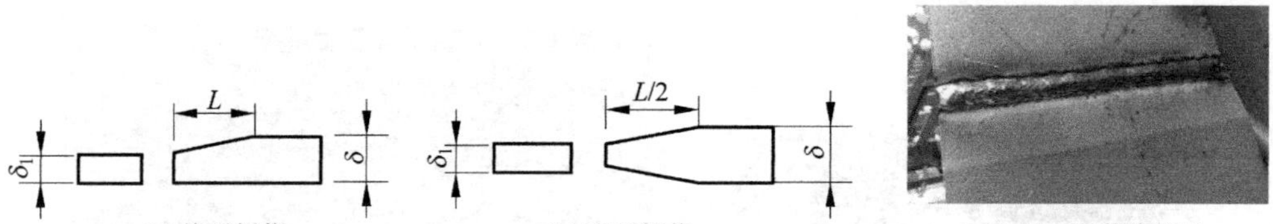

(a) 单面削薄　(b) 双面削薄　(c) 单面削薄的应用

图 9-18 不同厚度钢板削薄

9.3 平板对接单面焊双面成形操作技能训练

一、训练目的与要求

读懂焊接符号的标识；巩固基础操作技能；训练焊工单面焊双面成形的能力；通过训练要求焊工能进行平板对接单面焊双面成形的焊接；强化对接焊缝全熔透的理解。

二、训练准备工作

(1) 练习焊件：材质为 Q235B 或 Q345B，尺寸为 300mm×125mm×12mm。

(2) 焊条：型号为 E4303(J422)或 E5015(J507)，直径 ϕ3.2mm，ϕ4.0mm。

(3) 焊接设备及工具：焊机型号为 BX1-300 或 ZX7-300。

(4) 辅助工具：角向磨光机、钢丝刷、敲渣锤、石笔、钢直尺等。

三、操作步骤与要领

1. 操作要求

板厚为 12mm 的平板对接平焊，工件形式及焊道布置情况如图 9-19 所示。焊接时采用单面焊双面成形技术。

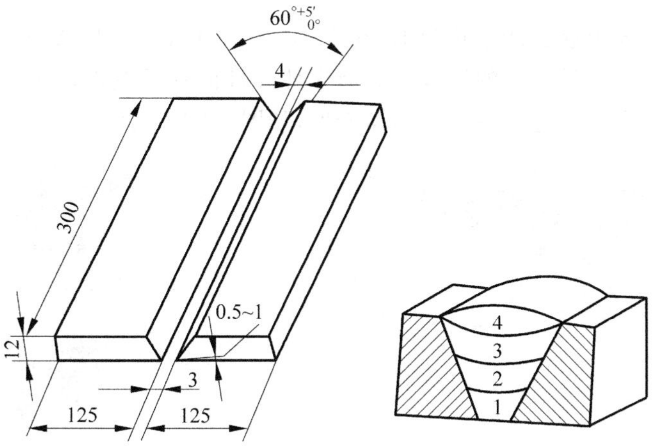

(a) 焊件尺寸　　(b) 焊道布置

图 9-19　平板对接工件形式及焊道布置

2. 操作步骤

(1) 工件准备

将焊件正面和背面坡口及两侧 20mm 范围内的油污、铁锈及其他污染物清理干净，修整坡口角度和钝边，如图 9-20 和图 9-21 所示，矫正工件达到平直度要求。

图 9-20　焊前打磨

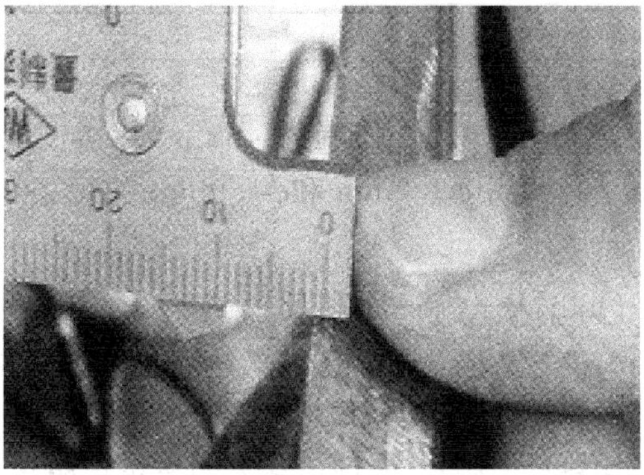

图 9-21　钝边测量

(2) 工件装配与定位

装配间隙的大小主要由焊件的厚度、坡口的形式、钝边的厚度及打底焊所选用焊条直径的大小等几方面因素综合考虑决定。装配间隙一端为 3.2mm，另一端为 4.0mm；错边量≤0.8mm，如图 9-22 所示。

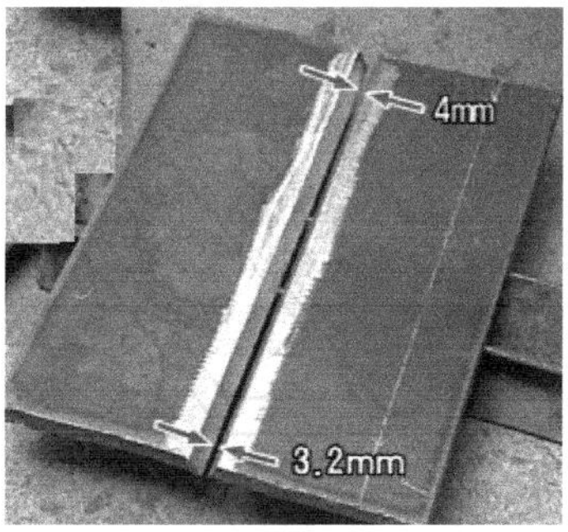

图 9-22　装配间隙

定位焊缝应距端头 20mm 之内进行定位(焊件端头 20mm 内的范围不进行评定)，定位焊缝长为 10～15mm，一定要焊透焊牢。

(3) 预置反变形

不对称坡口焊缝会在厚度方向产生横向收缩不均

的现象，会使钢板向上翘起产生角变形，其大小用变形角表示，要求变形角不大于3°。为防止角变形，采用预置反变形的措施。焊前先使焊件向焊后变形的反方向预留一定的变形量，来控制焊件在焊接过程中产生的角变形，如图9-23所示。

(a) 获得反变形的方法

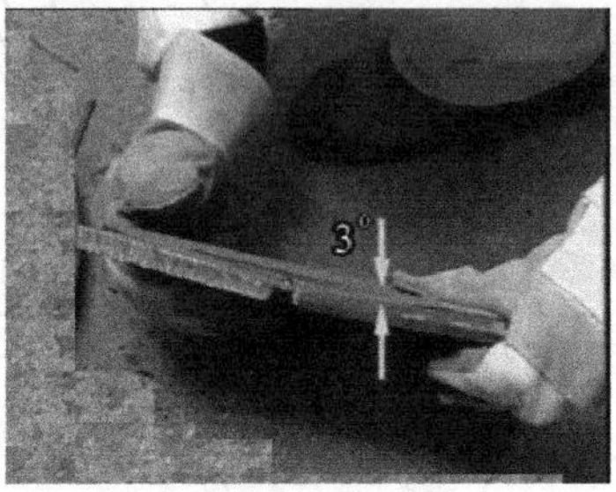

(b) 预置反变形的角度

图9-23 反变形

3. 焊接参数

各焊道选用的焊接工艺参数见表9-9。

表9-9 焊接工艺参数

焊接层(序号)	焊条直径/mm	焊接电流/A	备注
打底层(1)	3.2	80～120	
填充层(2、3)	4.0	160～180	
盖面层(4)	4.0	165～170	

4. 操作要领

(1) 打底焊

为保证焊缝背面成形需采用单面焊双面成形技术，焊接从工件间隙小的一端开始。

单面焊双面成形的操作方法有两种：连弧焊接法和断弧焊接法。连弧焊接法焊接电流的选择范围较小，对操作技术的要求也较高，因此建议从断弧焊接法开始练习。

① 平对接连弧焊接法打底焊：始焊时，在定位焊点上引弧，电弧引燃后稍作摆动进行预热，再将电弧移到定位焊缝与坡口根部相接处，压低电弧，稍作停顿，当坡口根部金属熔化并击穿时，将焊条迅速拉起至正常弧长向前施焊。焊条角度如图9-24所示。

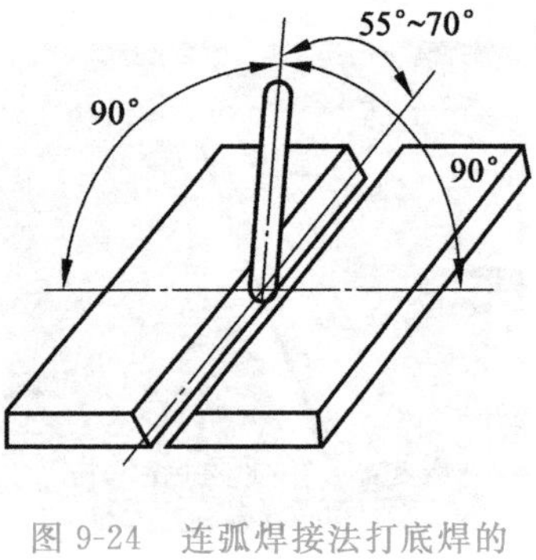

图9-24 连弧焊接法打底焊的焊条角度

施焊过程中要采用短弧焊，严格控制弧长，运条速度要均匀，并将电弧的2/3覆盖在熔池上，以保护熔池金属；电弧的1/3保持在熔池前，用来熔化并击穿坡口根部，形成熔孔，保证焊透和背面成形。

② 平对接断弧焊接法打底焊：始焊时，在定位焊点上引弧，以稍长的电弧对定位焊缝与坡口根部相接处摆

动 2、3 个来回，进行预热，然后压低电弧，当听到电弧击穿坡口发出“噗、噗”的声音时，表明坡口已被熔透并形成熔池，焊条角度如图 9-25 所示。

在熔池的前方形成向坡口两侧熔入 1～1.5mm 的熔孔，然后转动手腕使电弧迅速向斜后方抬起而熄灭，在这个熔池约 2/3 的金属已凝固，还有约 1/3 金属处于未凝固状态时，立即在熔池左前方用直击法重新引燃电弧，如图 9-26 所示。

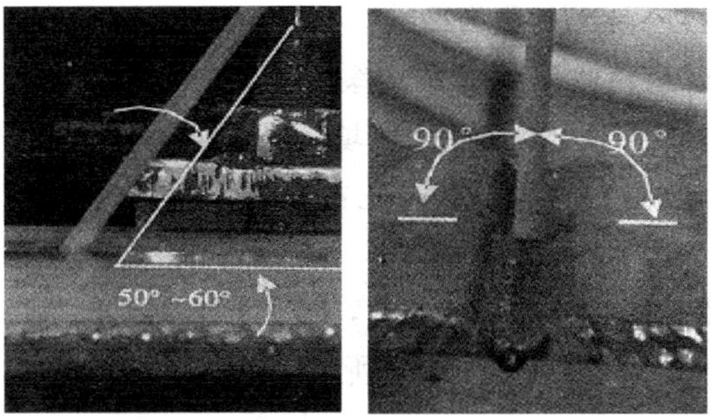

图 9-25　断弧焊接法打底焊的焊条角度

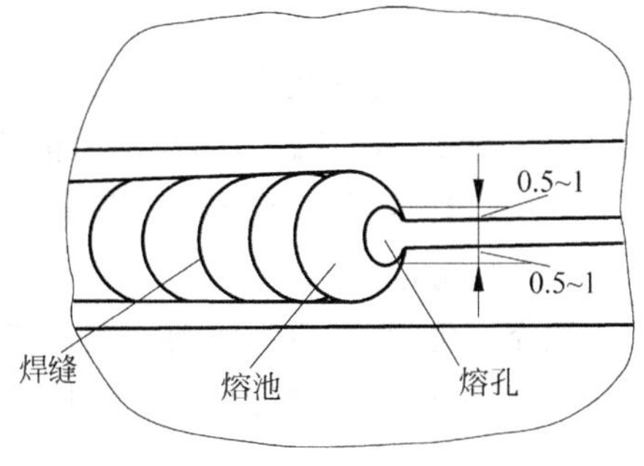

图 9-26　平板对接焊时熔孔

使用断弧焊接法焊接过程中，每次引燃电弧的位置在坡口某一侧压住熔池 2/3 的地方，电弧引燃后立即向坡口另一侧运条，运条方法如图 9-27 所示，在另一侧稍作停顿后，迅速转动手腕抬起焊条熄灭电弧。

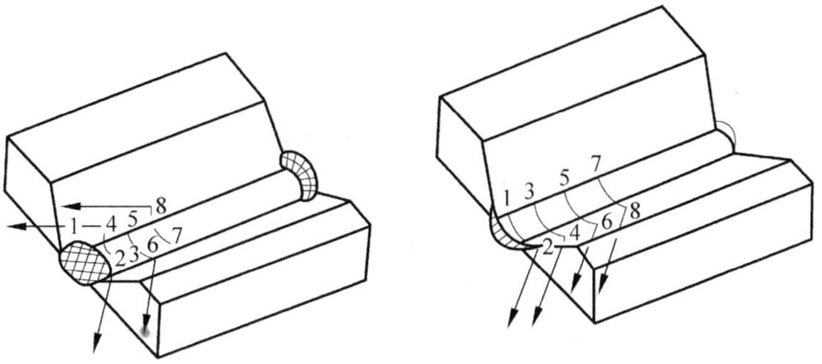
图 9-27　使用平对接断弧焊接法打底焊的运条方法

使用断弧焊接法焊接时要注意做到：稳、快、准、穿。稳：手握焊钳要稳（电弧要稳）；快：熄弧要快（每次引弧与熄弧速度要快，时间间隔要短，节奏控制在每分钟熄弧 45～55 次）；准：引弧时眼睛看准引弧部位，且下手要准；穿：耳朵要听清楚电弧击穿工件的“噗、噗”声，且弧柱的 1/3 要透过工件背面。

打底焊道无法避免焊接接头，因此掌握好接头技术是质量的重要保证。焊缝的接头有两种方法，即热接法和冷接法。

热接法：前一根焊条的熔池还没完全冷却就立即接头，这是生产中常用的方法，也最适用，接好头的关键有三个。

a. 更换焊条要快：最好在焊接开始时，持面罩的手中拿几根焊条，前根焊条焊完后，立即换好焊条，趁熔池还未完全凝固时，在熔池前方 10～20mm 处引燃电弧，并立即将电弧后退至接头处。

b. 位置要准：电弧后退至原先的弧坑处，估计新熔池的后沿与原先弧坑的后沿相切时，立即将焊条前移，开始继续焊接。

c. 掌握好电弧下压时间：当电弧向前运动，焊至原弧坑的前沿时，必须压下电弧，必须击穿间隙生成新熔孔，待新熔孔形成后，再按前面要领继续焊接。

冷接法：前一根焊条的熔池已经冷却，进行接头，称为冷接。

冷接时，应清除接头处焊渣 10～15mm，或将收弧处打磨成缓坡形，在离熔池后 10～15mm 处引弧。焊条做横向摆动向前施焊，焊至收弧处前沿时，填满弧坑，焊条角度稍加大并下压，稍做停顿。待形成新熔孔后，逐渐将焊条提起，进行正常施焊。

(2) 填充焊

填充层施焊前，应先将前一道焊缝的焊渣、飞溅等清除干净，将打底层焊缝接头处的焊瘤打磨平整，然后进行填充焊。填充焊的焊条角度如图 9-28 所示。

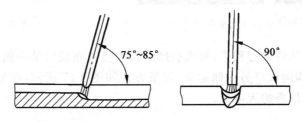

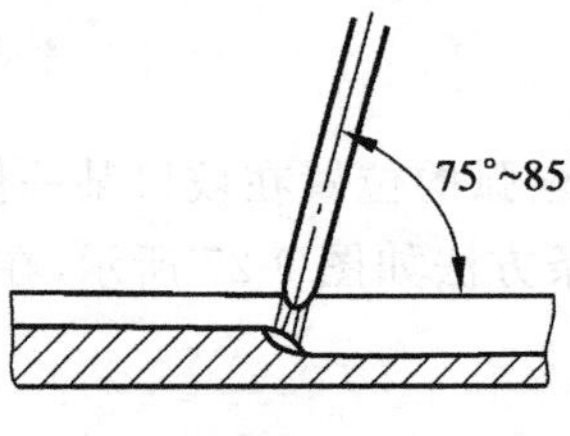

图 9-28 填充焊时的焊条角度

填充焊时应注意以下几项。

① 控制好焊道两侧的熔合情况，焊接时，焊条摆幅加大，在坡口两侧停留时间比打底焊时稍长，必须保证坡口两侧有一定的熔深，并使填充层焊道表面向下凹。

② 控制好第三层焊缝的高度和位置。第三层焊缝的高度应低于母材 0.5～1.5mm，最好略呈凹形，要注意不能熔化坡口两侧的棱边，便于表面层焊接时看清楚坡口，为表面层的焊接打好基础，如图 9-29 所示。

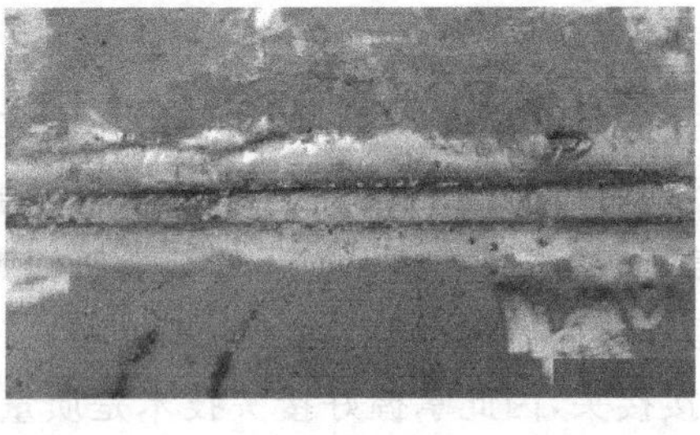

图 9-29 平对接填充焊

③ 第三层焊接时焊条摆幅应比第二层大，但要注意不能太大，千万不能让熔池边缘超出坡口面上方的棱边。

(3) 盖面焊

盖面层焊缝施焊时的焊条角度、运条方法及焊缝接头方法与填充层相同，但焊条摆动的幅度要比填充层大。摆动时注意摆动幅度一致，运条速度均匀，同时注意观察坡口两侧的熔化情况，必须保证熔池边沿不得超过焊件坡口棱边 2mm，否则焊缝超宽。

四、考核要求

考核要求见表 9-10。

表 9-10　考核要求

序号	检测项目	项目要求	完成情况			
			优	良	中	差
1	劳保防护用品	正确穿戴				
2	焊接操作姿势	姿势正确				
3	焊缝背面余高	0～3mm				
4	焊缝正面余高	0～3mm				
5	焊缝背面内凹	符合标准				
6	焊件起头、接头质量	符合标准				
7	未焊透	符合标准				
8	夹渣、表面气孔	无				
9	焊后角变形	0°～3°				
10	咬边	符合标准				
11	操作熟练程度	动作娴熟				
12	合作精神	团结协作				

复习思考题

一、填空题

1. 焊接接头由________、________和________三部分组成。

2. 焊接接头可分成________、________、________、________四种基本形式，其中________接头用得最多。

3. 搭接接头根据其结构形式和对强度的要求不同，分为________坡口、________焊缝或________焊缝。角接接头________较差，一般用于不重要的结构中。

4. 在图样上标注________、________、________及________的符号，称为焊缝符号。

5. 带钝边 V 形焊缝的符号是________；角焊缝的符号是________；表示焊缝表面平齐的符号是________；表示焊缝底部有垫板的符号是________；表示环绕工件周围焊缝的符号是________；表示在现场或工地进行焊接的符号是________。

6. 焊缝的接头有两种方法，即________和________。

二、判断题

1. 在所有焊接接头中，以对接接头应用最广泛。（　　）

2. 开坡口的目的是保证焊件在厚度方向上全部焊透。钝边的作用是防止接头根部焊穿。（　　）

3. 角接接头常用于重要的焊接结构中，所以角接接头是焊接结构中采用最多的一种接头形式。（　　）

4. 为了保证根部焊透，对多层焊的第一层焊道应采用大直径的焊条。（　　）

5. 在国家标准《焊缝符号表示法》(GB/T 324—2008)中规定，焊缝横截面上的尺寸标注在基本符号的右侧，焊缝长度方向的尺寸标注在基本符号的左侧。（　　）

6. 冷接时，应清除接头处焊渣 10～15mm，或将收弧处打磨成缓坡形，在离熔池后 10～15mm 处引弧。常用的碳棒是镀铜的实心碳棒，镀铜的目的是更好地引燃电弧。（　　）

三、选择题

1. 焊接接头根部预留间隙的作用在于（　　）。

A. 防止烧穿　　B. 保证焊透　　C. 减少应力

2. 为了减小焊件变形，应该选择（　　），为了使坡口面便于加工，应该选择（　　）。

A. V 形坡口　　B. X 形坡口　　C. U 形坡口

3. 在对厚度为 16mm 的焊件进行手工电弧焊时，既要保证焊接质量，又要便于坡口焊后变形小，故应选用（　　）坡口。

A. V 形　　B. U 形　　C. X 形

4. 当对接接头焊件的厚板超过（　　）时，手弧焊应开坡口。

A. 6mm　　B. 2mm　　C. 10mm

5. （　　）是表示焊缝表面形状特征的符号。

A. 基本符号　　B. 辅助符号　　C. 补充符号

6. 表示在现场或工地上进行焊接的符号是（　　）。

A. ▭　　B. ⚑　　C. ○　　D. ⊏

7. 焊接尺寸符号 K 表示（　　）。

A. 焊缝间距　　B. 焊脚尺寸　　C. 坡口深度　　D. 熔核直径

8. 加工焊件 V 形坡口的方法中不包括（　　）。

A. 剪切　　B. 氧气切割　　C. 刨边　　D. 车削

9. 用于管子坡口加工的加工方式是（　　）。

A. 刨边　　B. 车削　　C. 锯削

四、问答题

1. 什么叫焊接接头？焊接接头包括哪些部位？

2. 生产中应该根据什么原则选择坡口形式？坡口的作用是什么？平板坡口加工的方法有哪些？

3. 什么情况下要进行削薄处理？

4. 请小结平板对接单面焊双面成形的操作要领。

项目 10

角焊缝焊接操作技能训练

沿两直交或近直交工件的交线所焊接的焊缝叫作角焊缝，角焊缝又分直角焊缝和斜角焊缝。角接缝通常采用T形接头、角接接头和搭接接头等接头形式，如图10-1所示。因角接接头、搭接接头与T形接头角焊操作方法类似，本项目只介绍T形接头的操作，如图10-2所示。

图 10-1　角焊缝的接头形式

图 10-2　T形接头的操作

T形接头的优点是省工省料；其缺点是焊件截面有突变，应力集中严重、疲劳强度低。适合于不直接承受动力荷载的结构中使用。T形接头是生产实践活动中应用最广泛的接头形式之一。

学习目标

完成本项目学习后，你应当能：

1. 理解角焊缝各部分名称的含义及掌握焊缝测量器的使用。
2. 掌握常见焊接缺陷产生原因及防治措施。
3. 掌握角焊缝焊接操作技能。

10.1 角焊缝与焊缝测量器

一、角焊缝各部分的名称及含义

在焊缝横截面中，从焊缝正面到焊缝背面的距离，叫作焊缝厚度。焊缝计算厚度是设计焊缝时使用的焊缝厚度。对接焊缝焊透时它等于焊件的厚度；角焊缝时它等于在角焊缝横截内画出的最大直角等腰三角形中，从直角的顶点到斜边的垂线长度，习惯上也称喉厚。在角焊缝的横截面中画出的最大等腰直角三角形中直角边的长度叫作焊脚尺寸，如图10-3所示。

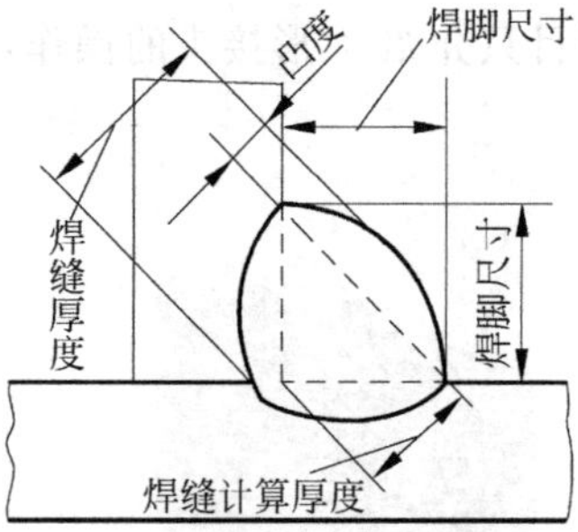

图10-3 焊缝厚度及焊脚

一般情况下，T形接头和角接接头的角焊缝表面均存在凸度或凹度，有时候也可能出现平面角焊缝。表面过于突出的角焊缝焊接时容易出现夹渣或造成较大的应力集中，应尽量避免。

二、焊接测量器的使用

焊接测量器是一种精确测量焊缝的量具，使用范围较广，可以测量焊接构件的坡口角度、间隙宽度、焊缝高度等，如图10-4所示。

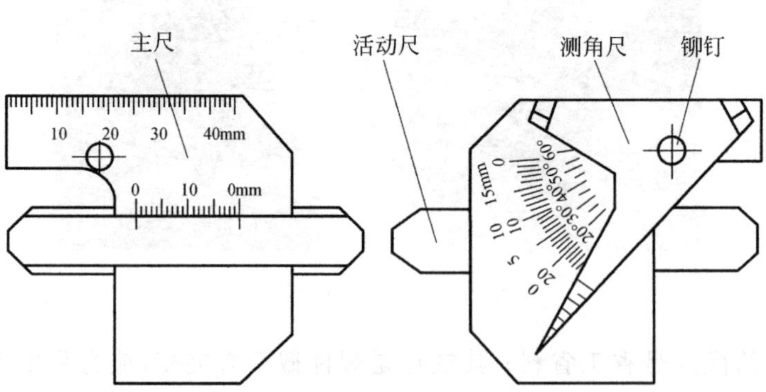

图10-4 焊接测量器

使用焊接测量器时应避免磕碰划伤、接触腐蚀性气体和液体，保持其表面清晰。焊接测量器使用结束后，应放入专用的封套内。

1. 焊件错边量及焊缝余高的测量

以焊件表面为测量基准，用主尺和活动尺进行测量。测量时，主尺窄端面紧贴测量基准面，然后在主尺上读出测量错边量（图 10-5）和余高值（图 10-6）。

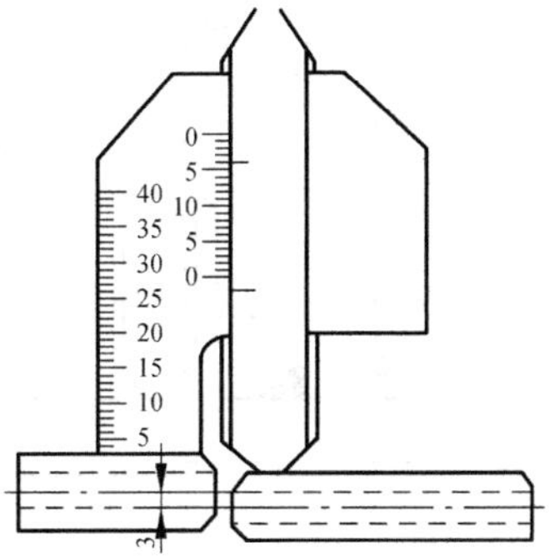

图 10-5　错边量的测量

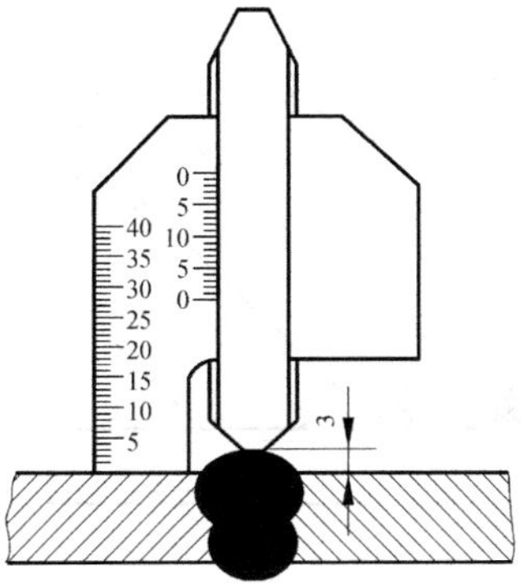

图 10-6　焊缝余高的测量

2. 坡口角度的测量

测量坡口角度，可选择焊件接缝表面或焊件表面作为测量基准，用主尺和测角尺进行测量。测量时，将主尺大端面紧贴测量基准面，使测角尺的长端面轻触被测量面，然后在主尺上读出测量值。

当选择焊件表面为测量基准时，在主尺上读出的测量值即为坡口角度值，如图 10-7 所示。

若以接口表面为测量基准时，基准坡口角度值等于 90°减去主尺读数值，如图 10-8 所示。

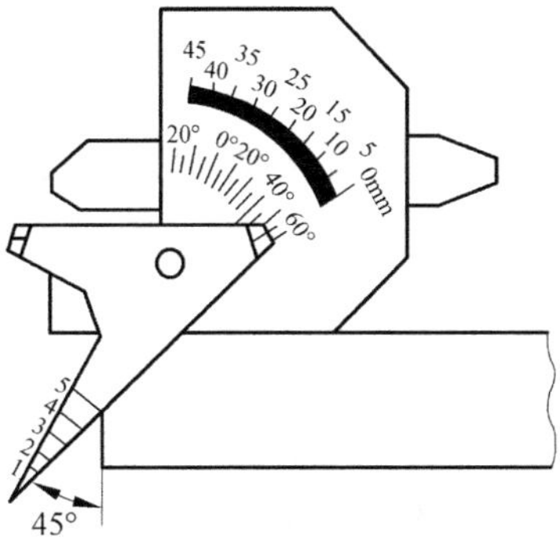

图 10-7　以焊件表面为测量基准

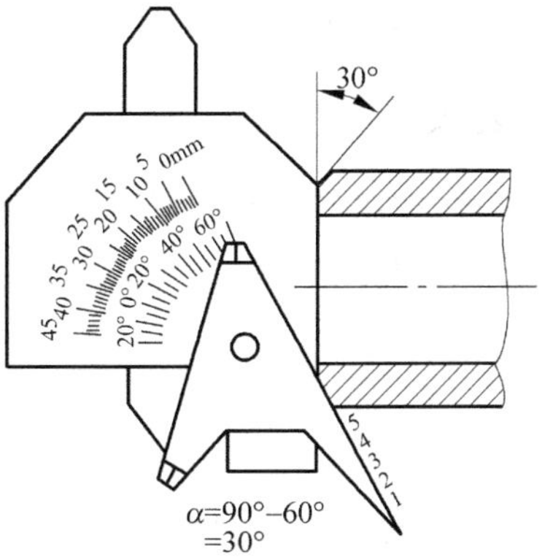

图 10-8　以接口表面为测量基准

3. 角焊缝的厚度和焊角尺寸的测量

当以焊缝侧的焊件表面为测量基准面时，用主尺和活动尺测量。在测量焊缝厚度时，将主尺45°端面紧贴基准面，使活动尺尖轻触焊缝表面，在主尺上即可读出角焊缝厚度的测量值，如图10-9所示。

当测量焊脚尺寸时，将主尺大端面紧贴焊件表面并使主尺窄端面对准焊趾处，活动尺尖轻触焊件另侧表面，在主尺上读出焊脚尺寸的测量值，如图10-10所示。

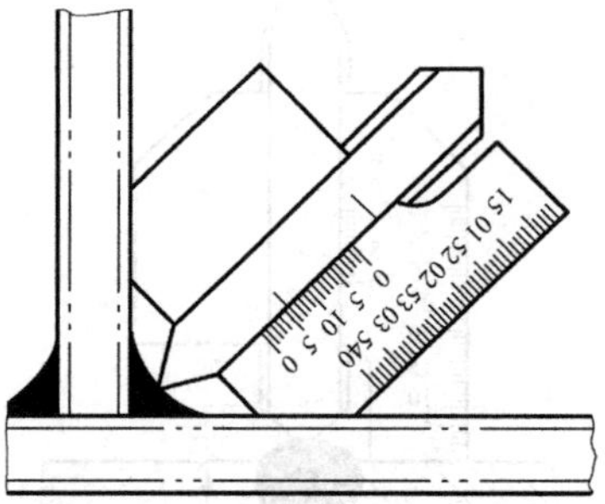

图10-9　角焊缝厚度的测量

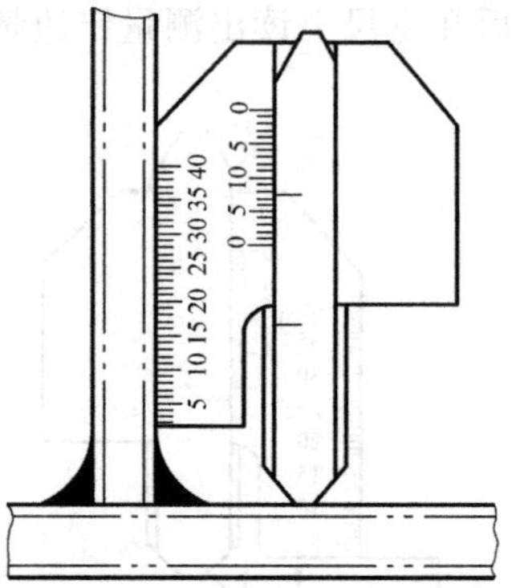

图10-10　焊脚尺寸的测量

10.2 焊接缺陷

焊接缺陷是指由焊接过程在焊接接头中产生的金属不连续、不致密或连接不良的现象。

焊接缺陷的种类很多，分类方法也很多，按照焊接缺陷在焊接接头中的位置，将其分为外观缺陷和内部缺陷。外观缺陷位于焊接接头的表面，可以用肉眼或低倍放大镜观察和检测出来，例如焊缝尺寸偏差、咬边、焊瘤、弧坑及表面气孔、表面裂纹等；内部缺陷位于焊接接头的内部，必须用专用的检测仪器或破坏性试验才能发现，例如夹渣、气孔、裂纹、未焊透及未熔合等。

一、裂纹

焊接裂纹，按照产生的机理可分为冷裂纹、热裂纹、再热裂纹和层状撕裂裂纹几大类，常见的为冷裂纹和热裂纹。

1. 冷裂纹

冷裂纹是在焊接过程中或焊后，在较低的温度下，大约在钢的马氏体转变温度（即M_s点）附近，或200～300℃以下的温度区间产生的，故称冷裂纹，如图10-11所示。

冷裂纹一般发生在中碳钢、低合金高强度钢和合金钢的焊接接头中，产生部位主要在热影响区。由于产生温度较低，宏观裂纹没有氧化色彩。大多数冷裂纹有延迟性，因此是更为危险的焊接缺陷。产生冷裂纹的三要素分别是焊接应力、淬硬组织和扩散氢的含量。防止冷裂纹的措施主要应在降低焊缝金属扩散氢含量、防止产生淬硬组织和减小焊接应力等方面加以考虑。具体措施如下。

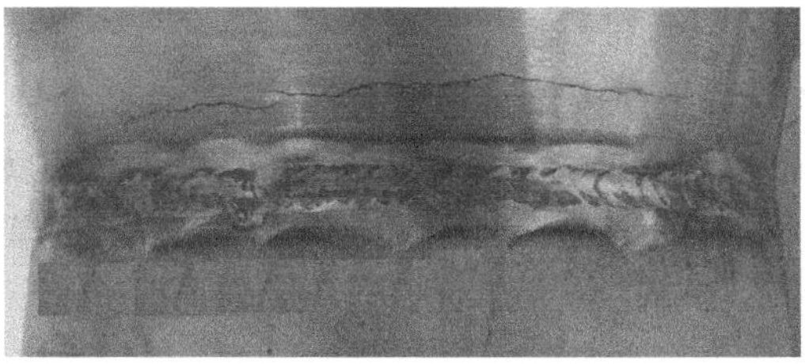

图 10-11 冷裂纹

(1) 选用低氢型的碱性焊条,提高焊缝金属的抗裂能力。

(2) 采取减少氢的来源的工艺措施,如严格遵守焊接材料的保管、烘焙和使用制度,谨防焊条受潮;焊前仔细清理焊件坡口边缘的油污、铁锈及水分等。

(3) 根据材料强度等级、含碳量、焊件厚度及施焊环境等,选择正确的焊接参数和采用合理的焊接工艺措施,如预热、缓冷、后热、控制层间温度、焊后热处理等,以避免产生淬硬组织和减小焊接应力。

(4) 采用合理的装配顺序,以改善焊接结构的应力状态。

2. 热裂纹

焊接过程中,焊缝和热影响区金属冷却到凝固相线附近的高温区产生的焊接裂纹称为热裂纹。

首先,常见的热裂纹一般是贯穿焊缝表面,宏观看到的热裂纹断面有明显的氧化色彩;微观观察时可以看到,热裂纹主要沿晶界分布,属于沿晶界断裂。其次,弧坑中也较常见热裂纹。

热裂纹产生的主要原因是焊缝金属中含硫量较高,硫与铁形成硫化铁,硫化铁与铁作用又形成低熔点共晶。在焊缝金属结晶过程中,低熔点共晶物被排挤到晶界形成液态薄膜,在金属凝固收缩产生拉应力作用时,液态薄膜被拉断而形成热裂纹。

防止热裂纹的主要措施是严格控制焊缝金属中的有害杂质含量,特别是硫、磷及碳的含量,也就是要控制母材及焊丝中的硫、磷含量,降低含碳量;选择合适的焊接参数;采用脱硫能力强的碱性焊条或焊剂;采用多层多道焊以避免焊缝中心的成分偏析;收弧时注意填满弧坑。

二、未熔合

未熔合是指熔焊时,焊道与母材之间、焊道与焊道之间、点焊时焊点与母材之间未完全熔化结合的部分,如图 10-12 所示。

图 10-12 未熔合

1. 产生的原因

产生未熔合的根本原因是焊接热量不够，被焊件没有充分熔化。主要原因有：①电流太小；②焊速太快；③电弧偏吹；④操作歪斜；⑤起焊时温度太低；⑥焊丝太细；⑦极性接反，焊条熔化太快，母材没有充分熔化；⑧坡口及先焊的焊缝表面上有锈、熔渣及污物。

2. 防止措施

(1) 选择适当的电流、焊速，正确的极性，注意母材熔化情况。

(2) 清除干净坡口及前道焊缝上的熔渣及脏物。

(3) 起焊时要使接头充分预热，建立好第一个熔池。

(4) 克服电弧偏吹。注意焊条角度，观察坡口两侧的熔化情况。

三、未焊透

未焊透是指焊接时接头根部未完全熔透的现象，如图 10-13 所示。

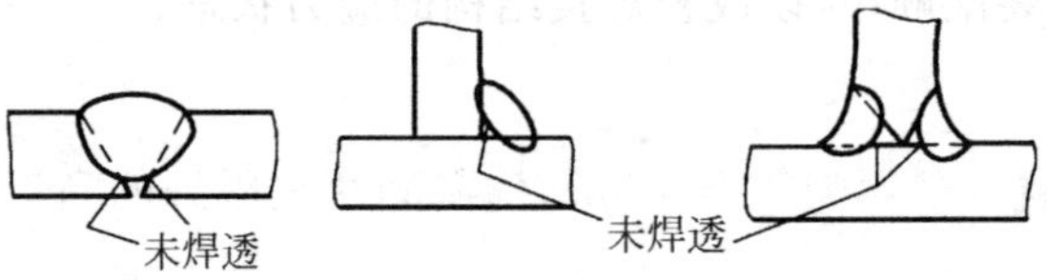

图 10-13 未焊透

1. 产生的原因

(1) 坡口及装配方面：间隙过小，钝边太厚，坡口角度太小，坡口歪斜，有内倒角的坡口角度太大，错口严重。

(2) 工艺规范方面：电流过小，焊速过大，电弧偏吹，起焊处温度低。

(3) 操作方面：焊条太粗，操作歪斜，双面焊时清根不彻底，坡口根部有锈、油、污垢，阻碍基本金属很好地熔化。

2. 防止措施

(1) 控制好间隙、钝边、角度及错口等。

(2) 控制电流、极性和焊速；使接头充分预热，建立好第一个熔池。

(3) 控制焊条直径和焊接角度；克服电弧偏吹。

(4) 双面焊清根一定要彻底。

(5) 坡口及钝边上的油、锈、渣、垢一定要清理干净。

四、气孔

气孔是指焊接时，熔池中的气泡在凝固时未能逸出，而残留下来形成的空穴。

根据气孔产生的部位不同，可分为内部气孔和外部气孔；根据分布的情况可分为单个气孔、链状气孔和密集气孔；根据气孔产生的原因和条件不同，其形状有球形、椭圆形、旋涡状和毛虫状等，如图 10-14 所示。

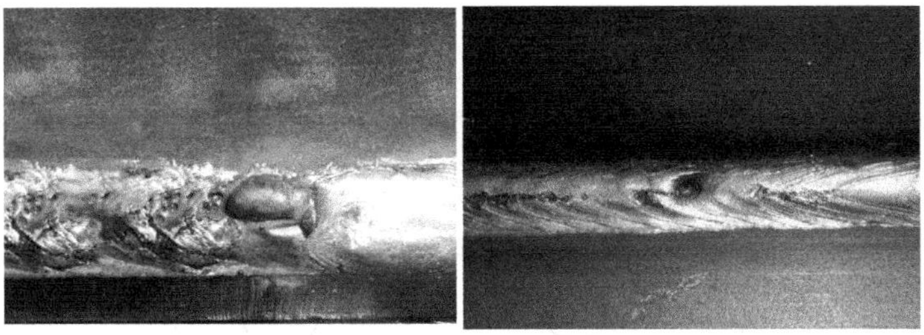

图 10-14　气孔

1. 产生的原因

形成气孔的气体主要来源如下。

(1) 空气湿度太大；电弧太长或收弧太快，保护不好，空气中的 N_2 气侵入。

(2) 焊材、母材上的油、锈、水、漆等污物分解产生气体。

(3) 操作原因引起的气孔：运条速度太快，气泡来不及逸出；焊丝填加不均匀，空气侵入。

2. 防止措施

(1) 严格控制焊条的烘干温度和保温时间。

(2) 不使用过期失效的焊材，使用符合标准要求的保护气体(氩气等)。

(3) 彻底清理坡口及焊丝上的油、锈、水、漆等污物。

(4) 电弧长度要适当，防止 N_2 气侵入，碱性焊条尤其要采用短弧。

(5) 适当增加热输入量，降低焊接速度，以利于气泡逸出，正确地接头和收弧。

五、夹渣

夹渣是指焊后残留在焊缝中的非金属夹杂物，如图 10-15 所示。主要是由于操作原因，熔池中的熔渣来不及浮出，而存在于焊缝之中。

1. 产生的原因

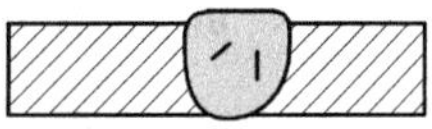

图 10-15　夹渣

(1) 坡口角度太小，运条、清渣困难。

(2) 运条太快，熔渣来不及浮出。

(3) 焊接电流太小，熔深太小。

(4) 运条时坡口两侧停留时间短，而在焊缝中心过渡太慢，使得焊缝中心堆高，坡口两侧形成死角，夹渣清理不出来，焊缝成形粗劣。

(5) 前一层的熔渣清理不干净，接头处理不彻底。

2. 防止措施

(1) 彻底清理坡口的油污、泥沙、锈斑；彻底清理前焊道熔渣。

(2) 适当增大焊接电流；控制焊接速度，造成熔渣浮出条件。

(3) 正确掌握操作方法，使焊缝表面光滑，焊缝中心不堆高。

六、咬边

咬边是指由于焊接参数选择不当，或操作方法不正确，沿焊趾的母材部位产生的沟槽或凹陷，如图 10-16 所示。焊趾是指焊缝表面与母材的交界处。

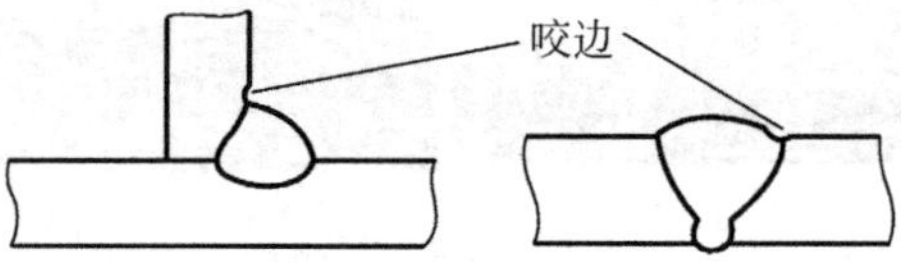

图 10-16　咬边

1. 产生的原因

(1) 平焊时焊接电流过大，电弧过长，运条不当。

(2) 角焊时焊条角度不当，电弧过长。

(3) 埋弧焊时焊接速度过快等。

2. 防止产生咬边的措施

(1) 选择合适的焊接电流、保持运条均匀及合适的焊接速度。

(2) 角焊时焊条角度合适，控制适当的弧长。

10.3　T 形接头角焊缝操作技能训练

一、训练目的与要求

训练横角焊和立角焊的焊接技能，训练对运条角度的掌握；要求焊缝为凹形角焊缝，焊缝表面平整。

二、训练准备工作

(1) 练习焊件：材质 Q235B，尺寸 300mm×100mm×6mm。

(2) 焊条：型号 E4303(J422)，直径 ϕ3.2mm，ϕ4.0mm。

(3) 焊接设备及工具：焊机 BX1-300 或 ZX7-300。

(4) 辅助工具：角磨机、钢丝刷、敲渣锤、石笔、钢直尺等。

三、操作步骤与要领

1. 角焊缝定位焊的要求

将焊件装配成 90° T 形接头，不留间隙，采用焊正式焊缝用的焊条进行定位焊。定位焊的位置应该在焊件两端的前后对称处，长度为 10～15mm，如图 10-17 所示。装配完毕应校正焊件，保证立板的垂直度，并且清理干净接口周围 30mm 内的锈、油等污物，如图 10-18 所示。

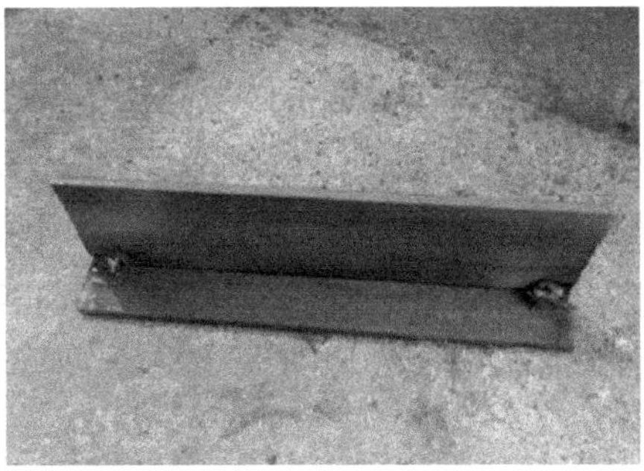

图 10-17　T 形角焊定位焊

图 10-18　校正焊件

2. 横角焊

(1) 横角焊的工艺参数(表 10-1)

表 10-1　横角焊的工艺参数

焊接层数		运条方法	焊条直径/mm	焊接电流/A
单层焊		直线形	3.2	100～130
二层二道多道焊	第一道	直线形	3.2	100～130
	第二道	斜圆形	4.0	150～170
二层三道多道焊	第一道	直线形	3.2	100～130
	第二道	直线形	3.2	100～130
	第三道	直线形	3.2	100～130

(2) 横角焊的操作要点

角焊缝的焊脚尺寸应符合技术要求,以保证焊接接头的强度。一般焊脚尺寸随焊件厚度的增大而增加,见表 10-2。

表 10-2　焊脚尺寸与钢板厚度的关系　　单位:mm

钢板厚度	≥2～3	>3～6	>6～9	>9～12	>12～16	>16～23
最小焊脚尺寸	2	3	4	5	6	8

当焊脚尺寸小于 5mm 时,通常用单层焊。操作时可采用直线运条,短弧焊接,焊接速度要均匀。焊条与平板的夹角为 45°,与焊接方向的夹角为 65°～80°,如图 10-19 所示。运条过程中,注视熔池的变化,这种操作便于掌握,而且焊缝成形也比较美观。

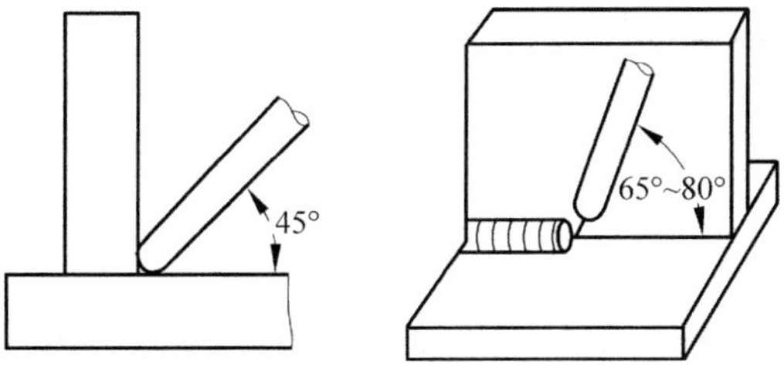

图 10-19　平角单层焊焊条角度

焊脚尺寸6～10mm时，可采用二层二道。焊接第二层前先清理干净第一层焊道的熔渣，如图10-20所示。焊接时，采用斜圆圈或锯齿形运条法，运条必须有规律，注意焊道侧的停顿节奏，否则容易产生咬边、夹渣、边缘熔合不良等缺陷。斜圆圈运条法：由 $a \to b$ 要慢，焊条作微微的往复前移动作，以防熔渣超前；由 $b \to c$ 稍快，以防熔化金属下淌，在 c 处稍作停顿，以填加适量的熔滴，避免咬边；由 $c \to d$ 稍慢，保持各熔池之间形成1/2～2/3的重叠，以利于焊道的成形；由 $d \to e$ 稍快，到 e 处稍作停顿。如此反复运条，如图10-21所示。焊道收尾时要填满弧坑。

图10-20　焊道的清渣

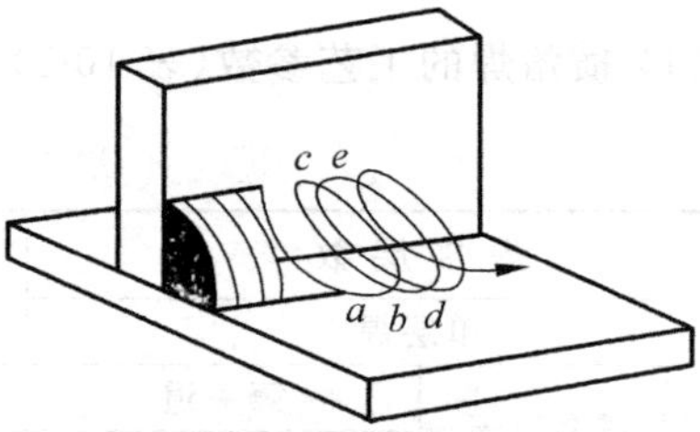

图10-21　斜圆圈运条

焊脚尺寸大于10mm时，采用二层三道焊接，如图10-22所示。

3. 立角焊

(1) 焊接高度的调整

焊件装配固定好后，在焊接训练架上夹紧固定，同时调整到适合自己的高度，以便于操作，如图10-23所示。

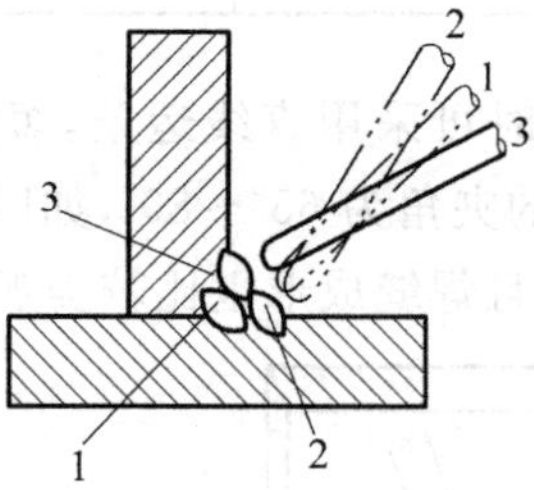

图10-22　二层三道焊各焊道的焊条角度

图10-23　焊接架的调整

(2) 焊接姿势

为了便于观察熔池和熔滴过渡情况，操作时通常采用蹲姿、坐姿和站姿三种姿势，如图10-24所示。

(a) 蹲姿

(b) 坐姿

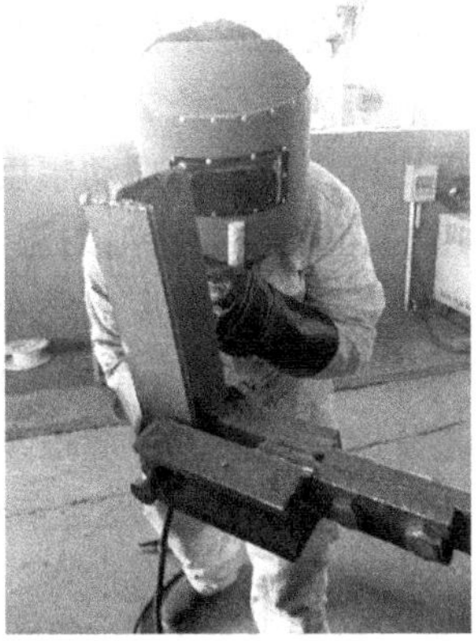

(c) 站姿

图 10-24　焊接姿势

(3) 立角焊的焊条角度及工艺参数

立角焊的焊条角度如图 10-25 所示，工艺参数见表 10-3。

表 10-3　立角焊工艺参数

运 条 方 法	焊条直径/mm	焊接电流/A
断弧法	3.2	115～135
挑弧焊	3.2	110～125
连弧焊	3.2	90～120

(4) 立角焊的操作要点

断弧焊立角焊一般用于装配间隙偏大的焊缝，其操作要领是在焊接过程中，熔滴过渡到熔池后，熔池的温度偏高，熔池金属有下淌的趋向时，立即将电弧断开，使熔池金属有瞬时凝固的机会，然后在断弧处引弧，当形成的新熔池良好熔合后，再立即断弧。就这样燃弧、断弧交替进行焊接。断弧时间的长短根据熔池温度的高低进行调整，燃弧的时间根据熔池的熔合状况进行灵活掌握。

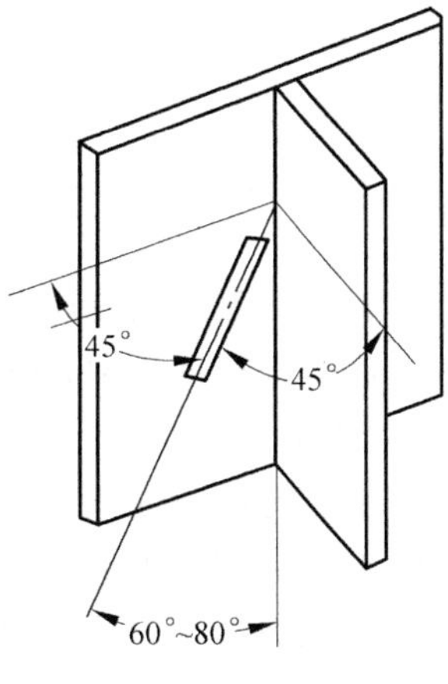

图 10-25　立角焊的焊条角度

立角焊挑弧焊时，一般用在焊件根部间隙较小且对外观质量要求较高时。其操作要领是当熔滴过渡到熔池后，立即将电弧向焊接方向(向上)挑起，弧长不超过 6mm，但电弧不熄灭，使熔池金属凝固，等熔池颜色由亮变暗时，将电弧立刻拉回到原来熔池，当熔滴过渡到熔池后，再向上挑起电弧，如此不断地重复进行，其节奏应该有规律，落弧时，熔池体积应尽量小，但熔合状况要好；挑弧时，熔池温度要掌握好，适时下落很重要。

立角焊母材较厚时，可以采用锯齿形运条法、月牙形运条法和三角形运条法连续焊接，如图 10-26 所示。

用锯齿形运条法、月牙形运条法和三角形运条法时，要合理地运用焊条的摆动幅度、摆动频率，以及控制焊条上移的速度，正确掌握熔池的温度和形状的变化。

焊条摆动的幅度应稍小于焊脚尺寸的要求。在摆动过程中，摆到两侧时应有一定停留时间和停留动作，以保证两侧充分熔合。控制焊缝摆动的同时，向上移动焊条，除了控制熔化金属下淌外，还要求焊缝保持平直。

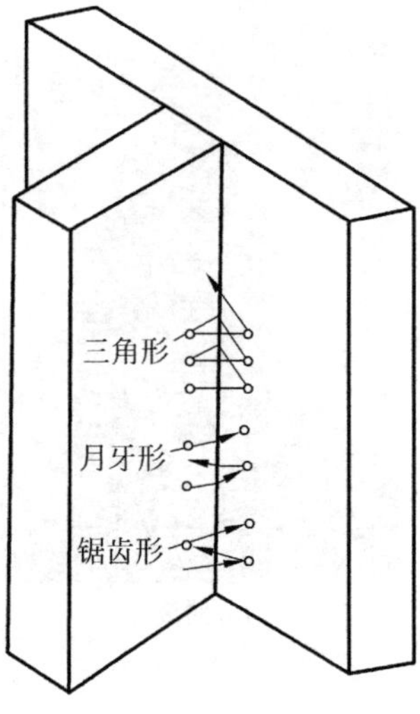

图 10-26 立角焊的运条方法

四、考核要求

(1) 焊缝起始处饱满，焊缝尺寸和高度一致。

(2) 无咬边，焊脚均匀整齐无下垂。

(3) 接头平整，不偏、不过高、不脱节。

(4) 收尾饱满，无弧坑。

复习思考题

一、填空题

1. 角焊缝常采用的接头形式有________、________和________。

2. 横角焊焊脚尺寸决定焊接层数和焊道数量，当焊脚尺寸在 5mm 以下时，采用________焊；焊脚尺寸在 6～10mm 时，采用________焊；焊脚尺寸大于 10mm 时，采用________焊。

3. 常见的焊接表面缺陷有________、________、________、________、________、________等。

4. 产生冷裂纹的三要素分别是________、________和________。

5. 在焊缝横截面中，从焊缝正面到焊缝背面的距离叫作________。

二、判断题

1. 在所有的角焊缝中，焊缝计算厚度均大于焊缝实际厚度。 (　　)

2. 对 T 形接头焊接时，应尽可能把焊件放成船形焊位，以提高生产率。 (　　)

3. 定位焊应在焊件的端、角等应力集中的地方进行。 (　　)

4. 提高生产率，多层焊时，每焊完一层焊缝后，应立即焊接下一层焊缝，不必清除表面焊渣和飞溅。 (　　)

5. 焊条电弧焊 T 形接头平角焊时，如焊脚尺寸为 10～12mm，用两层三道焊完。 (　　)

6. 国家标准规定焊条电弧焊的余高值为 0～1mm。 (　　)

7. 焊接时，接头根部未完全熔透的现象叫作未焊透。 (　　)

8. 产生夹渣与坡口设计加工无关。 （ ）

三、选择题

1. T形接头手工电弧焊横角焊时，（ ）最容易产生咬边。

A. 厚板 B. 薄板 C. 立板 D. 平板

2. 焊接电流过小时，焊缝（ ），焊缝两边与母材熔合不好。

A. 宽而低 B. 宽而高 C. 窄而低 D. 窄而高

3. 电弧电压过高时易产生的缺陷是（ ）。

A. 咬边和夹渣 B. 咬边和焊瘤

C. 烧穿和夹渣 D. 咬边和气孔

4. 造成熔深减小，熔宽加大的原因有（ ）。

A. 电流过大 B. 电压过低 C. 电弧过长 D. 速度过慢

5. 焊接速度过慢，会造成（ ）。

A. 未焊透 B. 未熔合 C. 烧穿 D. 咬边

6. 在保证焊缝质量的基础上应采用的焊条直径和焊接电流为（ ）。

A. 大直径，大电流 B. 小直径，小电流

C. 大直径，小电流 D. 小直径，大电流

四、问答题

1. 简述横角焊缝各部位的名称。
2. 如何测量焊脚尺寸？
3. 横角焊常用哪几种运条方法？在操作中如何运用？
4. 常见的焊接缺陷有哪些？如何防止这些缺陷的产生？
5. 请小结T形接头角焊缝的操作要点。

项目11

二氧化碳气体保护焊基本操作技能训练

二氧化碳气体保护焊是以二氧化碳气体作为保护气体，依靠焊丝与焊件之间产生的电弧来熔化金属的一种气体保护焊方法，简称 CO_2 气保焊，如图 11-1 所示。

图 11-1　二氧化碳气体保护焊

二氧化碳气体保护焊是 20 世纪 50 年代发展起来的一种新的焊接技术，60 多年来，它已发展成为一种重要的熔焊方法，广泛应用于工程机械制造业、汽车工业、造船业、机车制造业、电梯制造业、锅炉压力容器制造业、各种金属结构和金属加工机械的生产。

学习目标

完成本项目学习后，你应当能：

1. 了解二氧化碳气体保护焊的特点及应用。
2. 掌握二氧化碳气体保护焊常用材料和设备。

3. 掌握二氧化碳气体保护焊的工艺参数的选用。

4. 掌握二氧化碳气体保护平板对接焊的基本操作。

11.1　二氧化碳气体保护焊的特点及应用

一、二氧化碳气体保护焊的过程

二氧化碳气体保护焊的焊接过程如图 11-2 所示，电源的两输出端分别接在焊枪和焊件上。盘状焊件由送丝机构带动，经软管和导电嘴不断地向电弧区域送给；同时，CO_2 气体以一定的压力和流量送入焊枪，通过喷嘴后，形成一股保护气体，使熔池和电弧不受空气的侵入。随着焊枪的移动，熔池金属冷却凝固而成焊缝，从而将被焊的焊件连成一体。

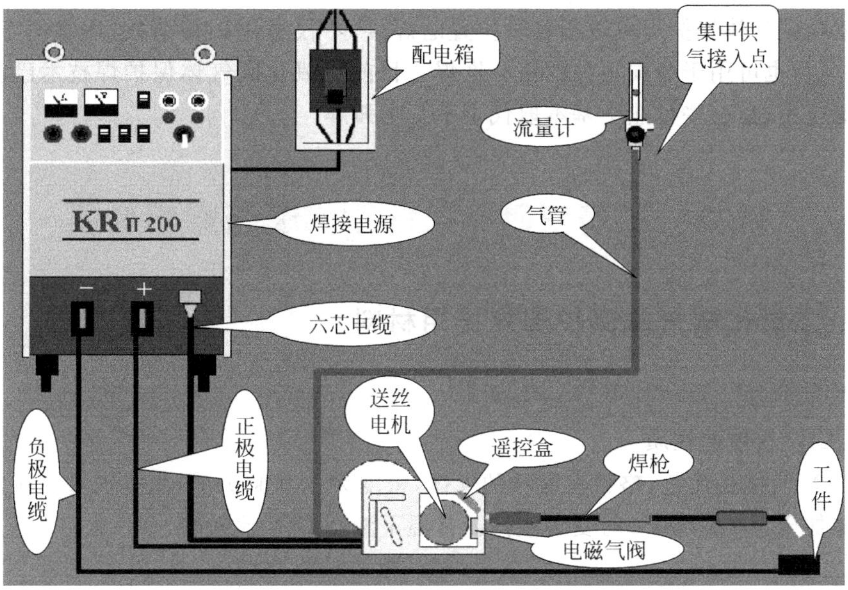

图 11-2　二氧化碳气体保护焊的焊接过程

二氧化碳气体保护焊所用的焊丝直径不同，可分为细丝(直径为 0.5～1.2mm)和粗丝(直径≥1.6mm)。

二、二氧化碳气体保护焊的特点

1. 焊接成本低

CO_2 气体来源广、价格低，消耗的焊接电能少，因此二氧化碳气体保护焊的成本低。

2. 生产率高

因为二氧化碳气体保护焊的焊接电流密度大，焊丝的熔化率提高，熔敷速度加快，节省了清渣时间，所以生产率比焊条电弧焊高 1～4 倍。

3. 抗锈能力强

二氧化碳气体保护焊对铁锈的敏感性不大，因此焊缝中不易产生气孔。而且焊缝含氧量低，抗裂性好。

4. 焊接变形小

由于电弧热量集中，焊件加热面积小，同时 CO_2 气流具有较强的冷却作用，因此，焊接热影响区和焊件变形小，特别适宜于薄板焊接。

5. 操作性能好

电弧是明弧，可以看清电弧和熔池情况，便于掌握与调整，也有利于实现焊接过程的机械化和自动化。

三、应用范围

二氧化碳气体保护焊可进行各种位置的焊接，不仅适用焊接薄板，还常用于中、厚板的焊接，而且也可用于磨损零件的修补堆焊。目前二氧化碳气体保护焊技术已在焊接生产中广泛应用，在有些行业中基本取代了手工电弧焊。

11.2 二氧化碳气体保护焊机与焊接材料

一、二氧化碳气体保护焊焊接用材料

1. CO_2 气体

(1) CO_2 气体的性质

纯 CO_2 气体是无色，略带有酸味的气体，密度为 1.97kg/m³，比空气重。在常温下把 CO_2 气体加压至 5～7MPa 时变为液体。常温下液态 CO_2 比较轻。

图 11-3 二氧化碳气瓶

(2) 瓶装 CO_2 气体

采用 40L 标准钢瓶，可灌入 25kg 液态的 CO_2，约占钢瓶容积的 80%，其余 20%的空间充满了 CO_2 气体，如图 11-3 所示。在 0℃ 时饱和气压为 3.63MPa，30℃时饱和气压为 7.48 MPa，因此，CO_2 气瓶要防止烈日曝晒或靠近热源，以免发生爆炸。

(3) CO_2 气体纯度对焊接质量的影响

CO_2 气体纯度对焊缝金属的致密性和塑性有很大影响。焊接用 CO_2 气体纯度不应低于 99.5%，其含水量小于 0.05%。如果纯度不够，可采用以下措施。

① 将 CO_2 钢瓶倒置 1～2h，使水分下沉，每隔 30min 左右放水一次，放 2～3 次，然后将钢瓶放正，如图 11-4 所示。

② 更换新气时，先放气 2～3min，以排出混入瓶内的空气和水分，如图 11-5 所示。

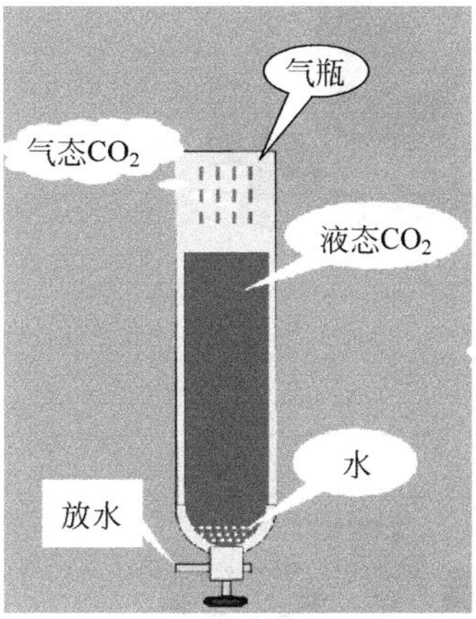

图 11-4　CO_2 钢瓶倒置去除水分

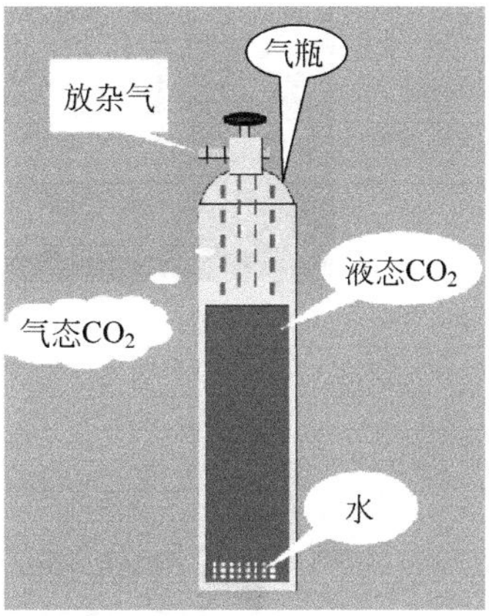

图 11-5　更换新气排出混入瓶内的气体

③ 在气路中串联预热器和干燥器，以进一步减少 CO_2 气体的水分。

(4) 混合气体

一般混合气体是在 Ar 气(无色、无味、密度为 1.78kg/m^3)中加入 20%左右的 CO_2 气体制成，主要用来减少实心焊丝的飞溅和焊接重要的低合金高强度钢。混合气体可以由气体商直接供货，也可以由工厂通过气体配比器自行配置。气体配比器如图 11-6 所示。

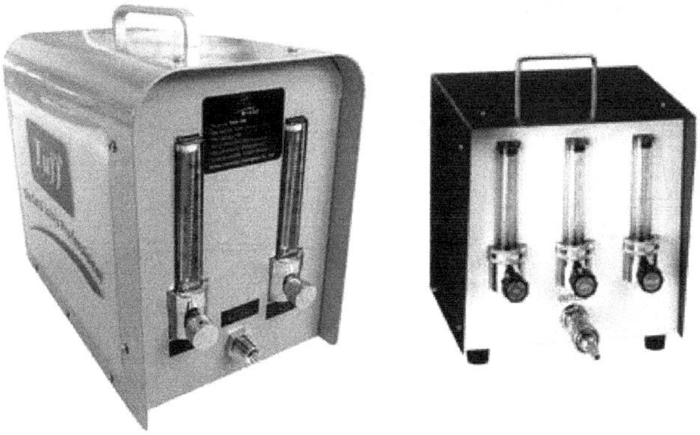

图 11-6　气体配比器

2. 焊丝

(1) 实心焊丝

为了防止气孔、减少飞溅和保证焊缝具有一定的力学性能，要求焊丝中含有足够的合金元素，一般采用限制碳的质量分数(0.1%以下)，硅锰联合脱氧，如图 11-7 所示。焊丝直径常用的有 ϕ0.8mm、ϕ1.0mm、ϕ1.2mm、ϕ1.6mm。

(2) 药芯焊丝

药芯焊丝用薄钢带卷成圆形管，其中填入一定成分的药粉，拉制而成的焊丝，如图 11-8 所示。采用药芯焊丝焊接，形成气渣联合保护，焊缝成形好，焊接飞溅少。

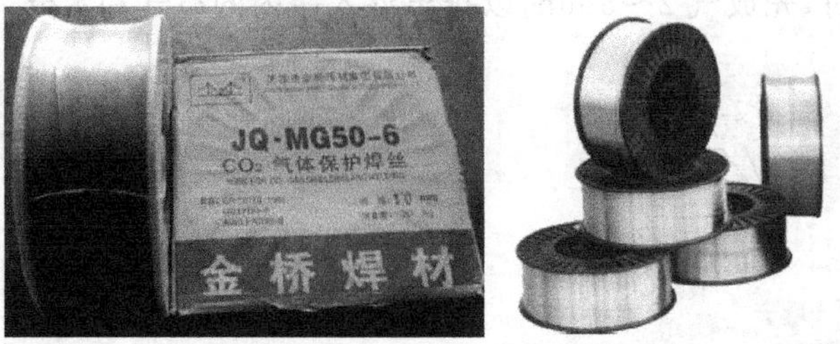

图 11-7　实心焊丝

图 11-8　药芯焊丝

二、二氧化碳气体保护焊焊接用设备

常用的 CO_2 半自动焊接用设备，主要由焊接电源、焊枪及送丝机构、CO_2 供气装置、控制系统等组成，如图 11-9 所示。

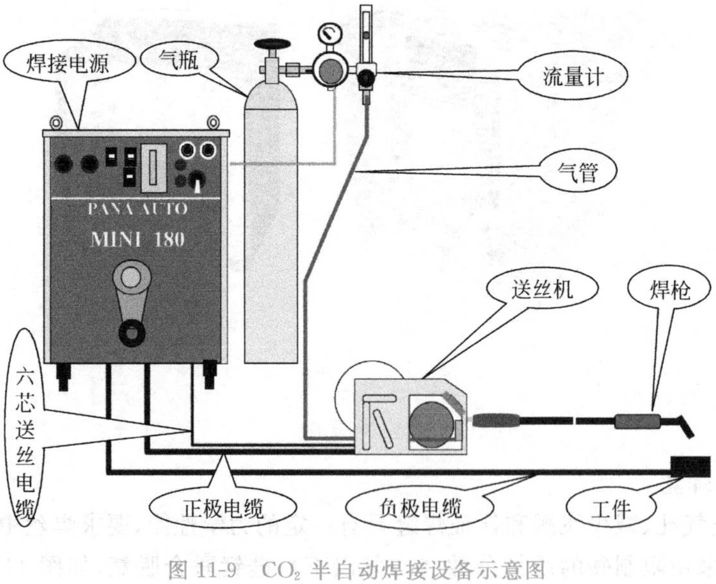

图 11-9　CO_2 半自动焊接设备示意图

1. 焊接电源

(1) 二氧化碳气体保护焊一般采用直流电源进行焊接，且采用直流反接。

(2) 为保证在焊接过程中的稳定：细丝二氧化碳气体保护焊时，应采用等速送丝配平特性电源；粗丝二氧化碳气体保护焊时，应采用变速送丝配下降特性电源。

2. 送丝机构

(1) 送丝方式

送丝方式的不同主要体现在细丝/平特性(等速送丝)焊机上，以适应不同场合的要求；有推丝式、拉丝式、推拉丝式三种基本送丝方式，如图 11-10 所示。

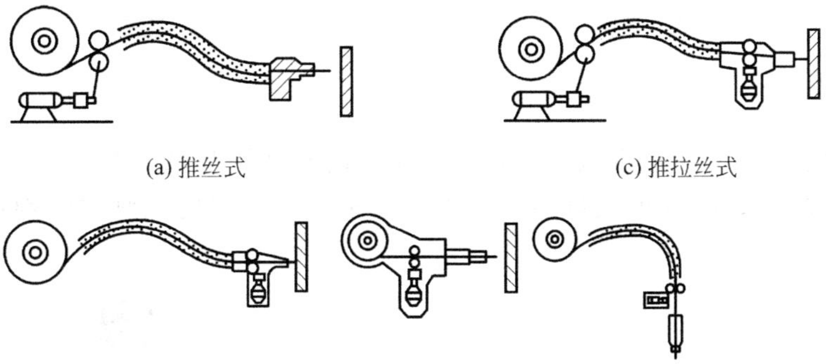

(a) 推丝式　(c) 推拉丝式

(b) 拉丝式

图 11-10　送丝方式示意图

① 推丝式。主要用于 0.8～2.0mm 的焊丝，焊枪简单轻巧，操作与维修方便，实际应用较多；送丝距离有限(通常≤5m)，送细丝效果欠佳。目前 CO_2 半自动焊多采用推丝式送丝，如图 11-11 所示。

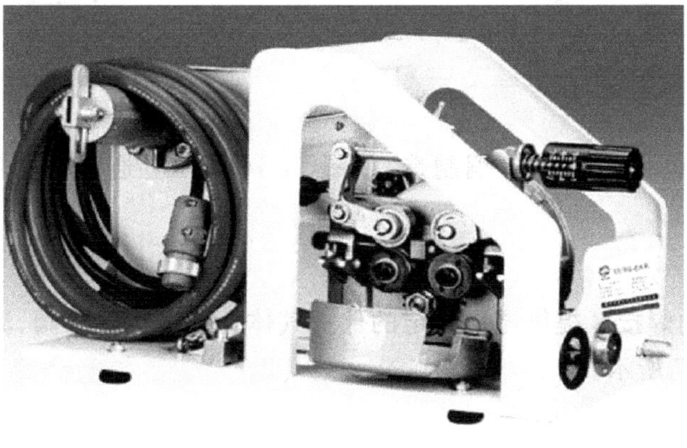

图 11-11　推丝式送丝机

② 拉丝式。主要用于焊丝直径小于或等于 0.8mm，送丝较稳定，但焊枪复杂、较重，以手枪式焊枪多见，薄板结构使用较多；适于送细丝及远距离送丝。

③ 推拉丝式。这种送丝系统中同时有推丝机和拉丝机，推丝为主要动力，拉丝是将焊丝校直，送丝软管可加长到 10m，多用于机器人焊接和铝的熔化极气体保护焊。

(2) 焊枪

按送丝方式可分为推丝式和送丝式焊枪；按结构分为鹅颈式(如图 11-12 所示)和手枪式(如图 11-13 所示)。

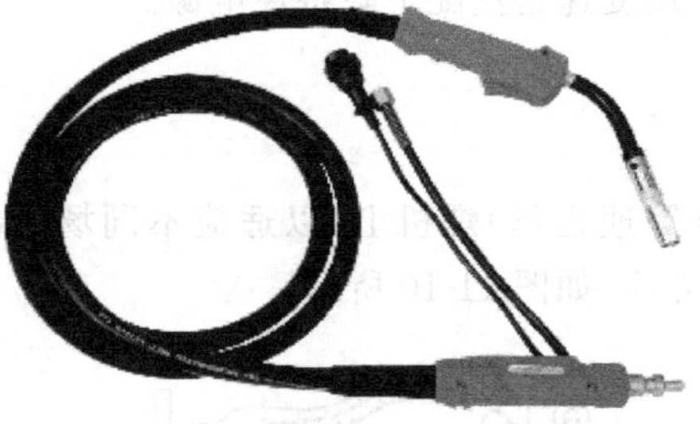
图 11-12　鹅颈式焊枪

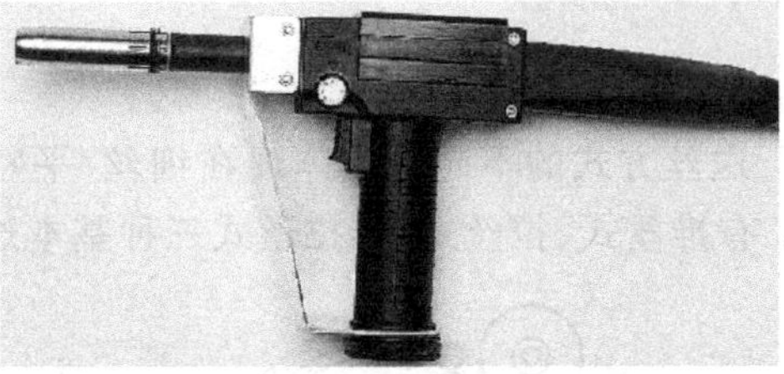
图 11-13　手枪式焊枪

① 喷嘴。一般为圆柱形，如图 11-14 所示。内孔直径为 12～25mm。为了防止飞溅物的粘附并易于清除，焊前最好在喷嘴的内外表面喷一层防飞溅的喷剂或涂硅油，如图 11-15 所示。

图 11-14　喷嘴

图 11-15　防飞溅的喷剂

② 导电嘴。常用紫铜、铬青铜制造，如图 11-16 所示。通常导电嘴的直径比焊丝的直径大 0.2mm 左右。

3. CO_2 供气系统装置

供气系统是向焊接区提供流量稳定的保护气体，由气瓶、减压阀、流量计预热器、干燥器组成，如图 11-17 所示。

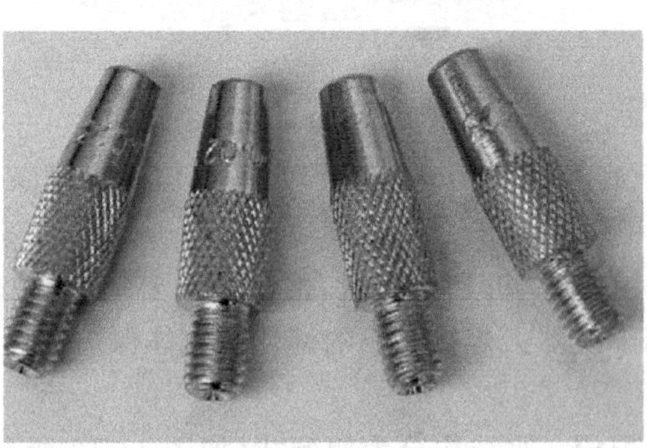
图 11-16　导电嘴

图 11-17　CO_2 供气系统装置

11.3　二氧化碳气体保护焊工艺

一、二氧化碳气体保护焊熔滴过渡形式

1. 短路过渡

细丝二氧化碳气体保护焊（焊丝直径小于1.6mm）焊接过程中，因焊丝端部熔滴非常大，与熔池接触发生短路，从而使熔滴过渡到熔池形成焊缝。短路过渡是一个燃弧、短路、燃弧的连续循环过程。短路过渡的频率由焊接电流、焊接电压控制，其特征是小电流、低电压、焊缝熔深大，焊接过程中飞溅较大。短路过渡主要用于细丝二氧化碳气体保护焊，薄板、中厚板的全位置焊接。

2. 颗粒状过渡

粗丝二氧化碳气体保护焊（焊丝直径大于1.6mm）焊接过程中，焊丝端部熔滴较小，一滴一滴，过渡到熔池不发生短路现象，电弧连续燃烧。其特征是大电流、高电压、焊接速度快。颗粒状过渡，主要用于粗丝二氧化碳气体保护焊，中厚板的水平位置焊接。

3. 射流过渡

焊接电流大到超过临界电流值，焊接时，焊丝端部呈针状，在电磁收缩力、电弧吹力等作用下，熔滴呈雾状喷入熔池，焊接过程中飞溅很少，焊缝熔深大，成形美观。射流过渡主要用于中厚板，带衬板或带衬垫的水平位置焊接。

二、二氧化碳气体保护焊焊接参数的选择

1. 电源极性

应采用直流反接焊接，因为直流反接时熔深大，飞溅少，焊缝成形好，电弧稳定，且焊缝金属含氢量最低。

2. 气体流量

气体流量直接影响焊接质量，气体流量太大或太小时，都会造成成形差，飞溅多，产生气孔。一般经验是，流量为焊丝直径的10倍，即ϕ1.2mm焊丝选择12升/分。当采用大电流快速焊接，或室外焊接时，应适当提高气体流量。

3. 焊丝伸出长度

焊丝伸出长度与电流有关，电流越大，焊丝伸出太长时，焊丝的电阻热越大，焊丝熔化速度加快，易造成段焊丝熔断，飞溅严重，焊接过程不稳定。焊丝伸出太短时，容易使飞溅物堵住喷嘴，有时飞溅物熔化到熔池中，造成焊缝成形差。一般经验是，焊丝伸出长度为焊丝直径的10倍，即ϕ1.2mm焊丝选择伸出长度为12mm左右。

4. 焊接电流

应根据母材厚度，接头形式以及焊丝直径等，正确选择焊接电流。短路过渡时，在保

证焊透的前提下,尽量选择小电流,因为当电流太大时,易造成熔池翻滚,不仅飞溅多,成形也非常差。

5. 焊接电压

焊接电压必须与焊接电流形成良好的配合。焊接电压过高或过低都会造成飞溅,焊接电压应伴随焊接电流增大而提高,伴随焊接电流减小而降低,所以焊接电压应细心调试。一般可根据经验公式进行预调节。

$$I < 200\text{A 时}, U = (14 + 0.05I) \pm 2$$

$$I > 200\text{A 时}, U = (16 + 0.05I) \pm 2$$

6. 焊接速度

焊接速度对焊缝内部与外观的质量都有重要影响。当焊接速度提高时,焊缝熔宽、熔深和高度都相应降低。当焊接速度过快时,会使气体保护的作用受到破坏,易使焊缝产生气孔。当焊接速度过慢时,熔池变大,焊缝变宽,易因过热造成焊缝金属组织粗大或烧穿。

7. 喷嘴与工件的角度

无论是自动焊还是半自动焊,当喷嘴与工件垂直时,飞溅都很多,电弧不稳。其主要原因是运弧时产生空气阻力,使保护气流后偏吹。为了避免这种情况的出现,可将喷嘴后倾 10°~15°,可保证焊缝成形良好,焊接过程稳定。

8. 焊法

一般采用左向焊法焊接,焊缝成形好,飞溅少,便于观察熔池,焊接过程稳定。

11.4 二氧化碳气体保护焊基本操作技能训练

一、训练目的与要求

训练不开坡口平板对接的焊接技能,训练对运条方法的理解;掌握二氧化碳气体保护焊焊机的调节与使用。

二、训练准备工作

(1) 练习焊件:材质 Q235B,尺寸 300mm×100mm×6mm。

(2) 焊丝:型号 TWE-711,直径 ϕ1.2mm。

(3) 焊接设备:NBC-400 半自动焊机(或者 KR500 焊机)。

(4) 辅助工具:角磨机、钢丝刷、敲渣锤、石笔、钢直尺等。

三、操作步骤与要领

1. 定位焊的要求

由于二氧化碳气体保护焊电弧的热量较焊条电弧焊大,因此要求定位焊缝有足够的强度。通常定位焊缝都不磨掉,仍保留在焊缝中,在焊接过程中很难全部重熔,所以应保证定位焊缝的质量。定位焊缝既要熔合好，余高又不能太高，还不能有缺陷，焊工应像正式焊接那样焊接定位焊缝。薄板及中厚板定位焊缝的长度和间距应符合表 11-1 所示的相关规定。

表 11-1　定位焊缝的尺寸　　单位：mm

板厚	定位焊缝高度	定位焊缝长度	间　　距
≤4	<4	5～10	50～100
>4～12	3～6	10～20	100～200
>12～30	6～8	15～30	100～300

注：刚性大的定位焊缝长度可增加到 50～80mm。

2. 引弧

二氧化碳气体保护焊引弧方法与焊条电弧焊稍有不同，主要使用碰撞引弧而不采用划擦式引弧。引弧时不必抬起焊枪。具体操作步骤如下。

(1) 引弧前先按遥控盒上的点动开关或按焊枪上的控制开关，点动送出一段焊丝，焊丝伸出长度小于喷嘴与焊件间应保持的距离，超长部分或焊丝端部出现球状时应预先剪去，如图 11-18 所示。

(2) 将焊枪按要求(保持合适的倾角和喷嘴高度)放在引弧处，焊丝端头与焊件保持 2～3mm 距离(不要接触)，喷嘴高度由焊接电流决定(一般 10～15mm)，如图 11-19 所示。

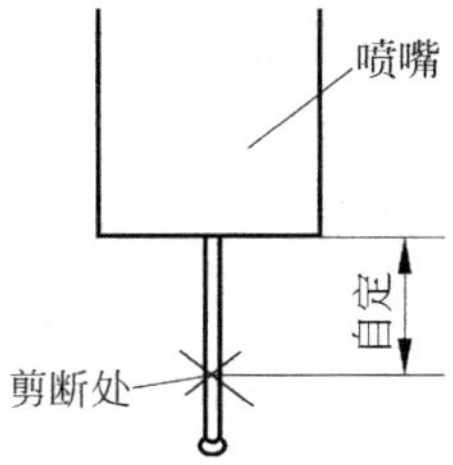

图 11-18　引弧前剪去超长的焊丝

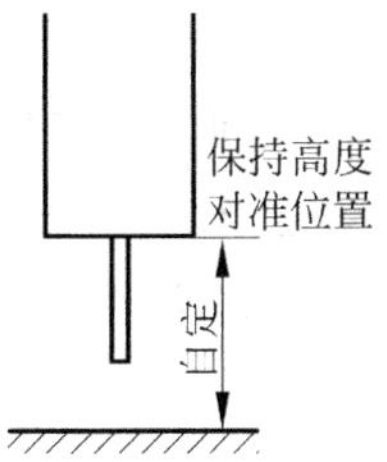

图 11-19　准备引弧

(3) 按焊枪上的控制开关，焊机自动提前送气，延时接通焊接电源，保持高电压、慢送丝，当焊丝碰撞焊件短路后，自行引燃电弧。此时焊枪有自动顶起的倾向，如图 11-20 所示。所以引弧时要稍用力下压焊枪，防止因焊枪回弹抬起太高导致电弧太长而熄灭。

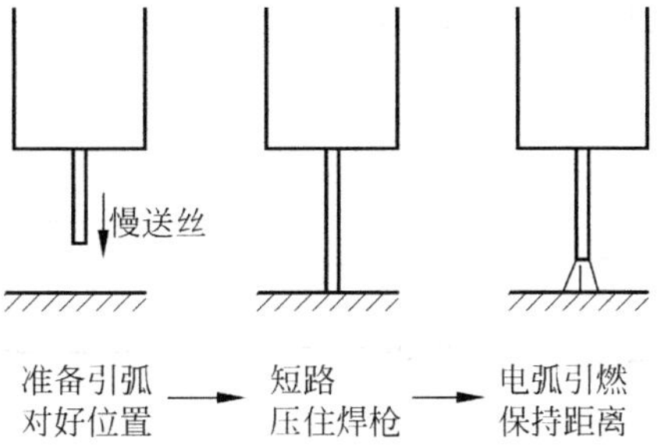

图 11-20　引弧时焊枪的控制

3. 焊接

电弧引燃后通常采用左向焊法。焊接过程中应保持合适的焊枪倾角(如图 11-21 所示)和喷嘴高度,沿焊接方向尽可能地均匀移动,当坡口较宽时,为保证两侧熔合好,焊枪还要作横向摆动。

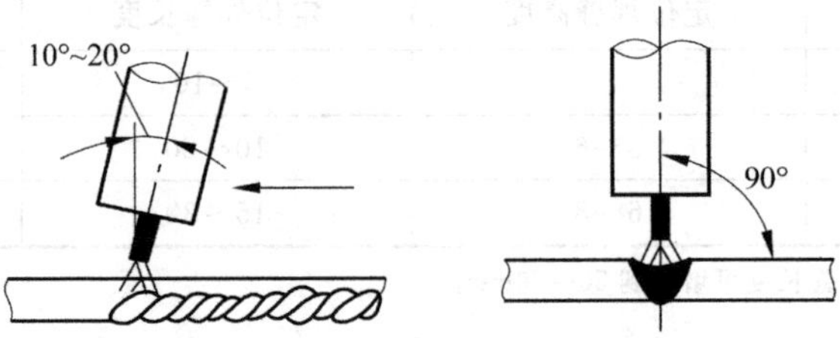

图 11-21 对接平焊的焊枪角度

(1) 直线焊接

直线焊接形成的焊缝宽度较窄,焊缝偏高,熔深浅。操作中往往在始焊端、终焊端和焊缝的连接处产生缺陷。

始焊端焊件处于较低的温度,应在引弧之后先将电弧稍微拉长一些,以对焊缝端部适当预热,然后压低电弧进行焊接,若是重要焊件,可加引弧板,将引弧时容易出现的缺陷留在引弧板上。

(2) 摆动焊接

在 CO_2 半自动焊时,为了获得较宽的焊缝,往往采用横向摆动运丝方式,常用的摆动方式有锯齿形、月牙形、正三角形、斜圆圈形等几种。

在横向摆动运丝时应注意掌握以下要领:左右摆动的幅度要一致,摆动到焊缝中心时,速度应稍快,而到两侧时要稍作停顿;摆动的幅度不能过大,否则,熔池温度高的部分不能得到良好的保护作用。一般摆动幅度限制在喷嘴内径的 1.5 倍范围内。

4. 接头

二氧化碳气体保护焊不可避免地要接头,应按下述步骤操作。

(1) 将待焊接头处用角磨机打磨成斜面,如图 11-22 所示。

(2) 在斜面顶部引弧,引燃电弧后将电弧移至斜面底部,转一圈返回引弧处后再继续向左焊接,如图 11-23 所示。在此操作过程中要注意观察熔孔,若未形成熔孔则接头处背面焊不透;若熔孔太小,则接头处背面产生缩颈;若熔孔太大,则背面焊缝太宽或出现烧穿。

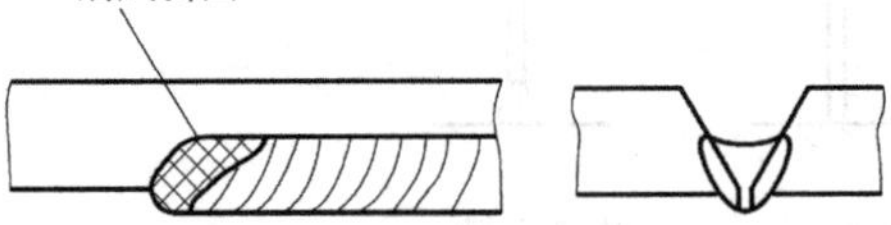

图 11-22 接头处的准备

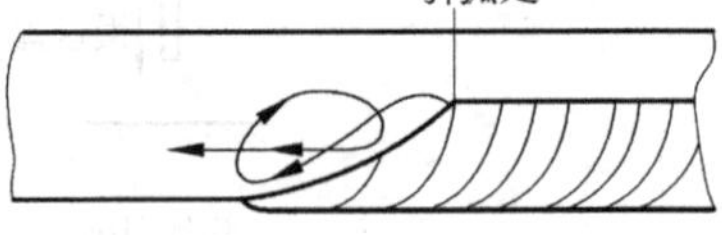

图 11-23 接头处的引弧操作

5. 收弧

焊接结束前必须收弧，若收弧不当，在焊缝终焊端出现过深的弧坑，会使焊缝收尾处产生裂纹和气孔等缺陷。

若焊机有电流衰减装置，则焊枪在收弧处停止前进，焊接电流与电弧电压自动变小，待熔池填满时断电。细丝二氧化碳气体保护焊短路过渡时，因电弧长短，弧坑较小，一般不需专门处理。

6. 焊缝中容易出现的缺陷及防止措施

焊缝中容易出现的缺陷及防止措施见表11-2。

表11-2 焊缝中容易出现的缺陷及防止措施

缺陷名称	产生原因	防止措施
气孔	焊丝和焊件表面有氧化物、油、锈等	清理
	气体流量低	检查流量低的原因并排除
	焊接场地有风	在避风处进行焊接
	气路中有漏气现象	保持合适的弧长不变
咬边	电弧长度太长	保持合适的弧长不变
	电流太小	调整焊接电流大小
	焊接速度过快	保持焊接速度均匀
	焊枪位置不当	保持焊枪位置始终对准待焊部位
飞溅	熔滴短路过渡时电感量过大或过小	选择合适的电感值
	焊接电流与电压配合不当	调整电流、电压参数，使其匹配
	焊丝与焊件清理不良	清理

四、考核要求

板对接焊检查项目及评分标准见表11-3。

表11-3 板对接焊检查项目及评分标准

序号	检测项目	项目要求	完成情况			
			优	良	中	差
1	劳保防护用品	正确穿戴				
2	焊接操作姿势	姿势正确				
3	定位焊	符合标准				
4	焊缝尺寸	符合图样要求				
5	焊缝起头、连接、收尾	符合标准				
6	焊缝外观成形	符合标准				
7	操作熟练程度	动作娴熟				
8	合作精神	团结协作				

复习思考题

一、填空题

1. 对焊接过程要进行保护，手弧焊是采用________保护，而二氧化碳气体保护焊是采用________保护。

2. 二氧化碳气体保护焊熔滴过渡的形式主要有________、________和________。二氧化碳气体保护焊采用细焊丝、小电流和低电弧电压进行焊接时，熔滴呈________形式过渡。

3. 二氧化碳气体保护焊所用的焊接材料有________和________。

4. 二氧化碳半自动焊焊枪按其结构可分为________焊枪和________焊枪；焊枪上的________和________是其主要零件。

5. 二氧化碳气体保护焊的焊丝伸出长度约等于焊丝直径的10倍，且不超过________。二氧化碳气体保护焊细丝焊接时，气体流量通常为________L/min。

6. 二氧化碳半自动焊时，为了获得较宽的焊缝，常用的摆动方式有________、________和________等，一般摆动幅度限制在喷嘴内径的________倍范围内。

二、判断题

1. 由于气体保护焊时没有熔渣，所以焊接质量比手弧焊和埋弧焊差得多。 (　　)

2. 二氧化碳气体保护焊用的焊丝有镀铜和不镀铜两种，镀铜的，作用是防止生锈，改善焊丝导电性能，提高焊接过程的稳定性。 (　　)

3. 推丝式送丝机构适用于长距离输送焊丝。 (　　)

4. 二氧化碳气体保护焊时，应先引弧再通气，才能保证电弧的稳定燃烧。 (　　)

5. 二氧化碳气体保护焊时，熔滴应采用短路过渡形式，才能获得良好的焊缝成形。 (　　)

6. 混合气体可以由气体供应商直接供货，也可以由工厂通过气体配比器自行配制。 (　　)

三、选择题

1. 细丝二氧化碳气体保护焊使用的焊丝直径(　　)。

A. 大于1.8mm　　B. 等于1.6mm　　C. 小于1.6mm　　D. 大于1.7mm

2. 当二氧化碳气体保护焊采用细焊丝，小电流、低电弧电压施焊时，所出现的熔滴过渡形式是(　　)过渡。

A. 粗滴　　B. 短路　　C. 喷射　　D. 颗粒

3. 在焊机型号NBC-250中，用(　　)表示熔化极气体保护焊机。

A. N　　B. B　　C. Z　　D. A

4. 细丝(　　)时使用的电源特性是平电源外特性。

A. 压焊　　B. 手弧焊

C. 二氧化碳气体保护焊　　D. 气焊

5. 二氧化碳气体保护焊焊丝直径为0.5～0.8mm，用的半自动焊枪是(　　)。

A. 拉丝式焊枪　　B. 推丝式焊枪

C. 细丝气冷焊枪　　D. 粗丝水冷焊枪

6. 储存二氧化碳气体气瓶外涂(　　)颜色并标有二氧化碳字样。

A. 白　　B. 黑　　C. 红　　D. 绿

7. 二氧化碳气体保护焊时，如果气体保护层被破坏，则易产生(　　)气孔。

A. 一氧化碳　　B. 氢气　　C. 氮气　　D. 二氧化碳

8. 二氧化碳气体保护焊时，所用二氧化碳气体的纯度不得低于(　　)。

A. 80%　　B. 99%　　C. 99.5%　　D. 95%

9. 用二氧化碳气体保护焊焊接10mm厚的板材，平焊时，选用的焊丝直径是(　　)mm。

A. 0.5　　B. 0.6　　C. 1.0～1.6　　D. 3.2

四、问答题

1. 什么是二氧化碳气体保护焊？焊接过程如何？有哪些特点？

2. 二氧化碳气体保护焊熔滴过渡形式有哪几种？其形成的条件及用途是什么？

3. 二氧化碳气体保护焊对气体和焊丝有何要求？若二氧化碳气体纯度不够，可采取哪些措施？

4. 二氧化碳气体保护焊有哪些焊接工艺参数？如何选用？

5. 焊丝的直线移动运丝法和横向摆动运丝法各用于什么场合？

6. 请小结二氧化碳气体保护焊平板对接的操作要点。

项目12

手工钨极氩弧焊基本操作技能训练

手工钨极氩弧焊是使用钨极作为电极，利用从焊枪喷嘴中喷出的氩气流，在电弧区和焊接熔池周围形成严密封闭的气流，保护钨极、焊丝和焊接熔池不被氧化的一种手工操作的气体保护电弧焊，如图 12-1 所示。

氩弧焊技术是国内外发展最快、应用最广泛的一种焊接技术。近年来，氩弧焊，特别是手工钨极氩弧焊，已经成为各种金属结构焊接中必不可少的手段，全国各地对氩弧焊工的需求也越来越大。近些年来，氩弧焊的机械化、自动化程度得到了很大的提高，并向着数控化方向发展。

图 12-1　氩弧焊

学习目标

完成本项目学习后，你应当能：

1. 了解手工钨极氩弧焊的特点及应用。
2. 掌握手工钨极氩弧焊常用材料及设备。
3. 掌握手工钨极氩弧焊工艺参数的选用。
4. 掌握手工钨极氩弧焊对接焊接的基本操作。

12.1　钨极氩弧焊的特点及应用

一、氩弧焊的过程

氩弧焊是以氩气作为保护气体的一种气体保护电弧焊。氩弧焊的焊接过程如图 12-2 所示。从焊枪喷嘴中喷出的氩气流，在焊接区形成厚而密的气体保护层而隔绝空气，同时，在电极（钨极或焊丝）与焊件之间燃烧产生的电弧热量使被焊处熔化，并填充焊丝将被焊金属连接在一起，获得牢固的焊接接头。

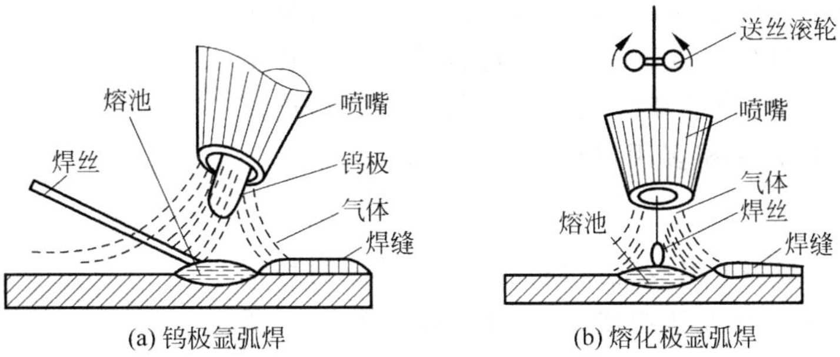

图 12-2 氩弧焊示意图

二、氩弧焊的特点

1. 焊缝质量较高

由于氩气是惰性气体，可在空气与焊件间形成稳定的隔绝层，保证高温下被焊金属中合金元素不会氧化烧损，同时氩气不溶解于液态金属，故能有效地保护熔池金属，获得较高的焊接质量。

2. 焊接变形与应力小

由于氩弧焊热量集中，电弧受氩气流的冷却和压缩作用，使热影响区窄，焊接变形和应力小，特别适宜于薄件的焊接。

3. 操作技术易于掌握

采用氩气保护无熔渣，且为明弧焊接，电弧、熔池可见性好，适合各种位置焊接，容易实现机械化和自动化。

4. 氩气的电离电势高

氩弧焊引弧困难，尤其是钨极氩弧焊时，需要采用高频引弧和稳弧装置等。

三、应用范围

氩弧焊几乎能焊接所有金属，特别是一些难熔、易氧化金属，如镁、钛、钼、锆、铝等及其合金；而且焊接产品的外观质量、焊缝内部质量和力学性能优于其他焊接方法，常用于压力管道的焊接。

12.2 钨极氩弧设备与焊接材料

一、氩弧焊设备

1. 氩弧焊焊机

氩弧焊焊机与手弧焊焊机在主回路、驱动电路、保护电路等方面都是相似的。但它在后者的基础上增加手动开关控制、高频高压控制和高频起弧控制装置。另外在输出回路上，氩弧焊机一般采用直流正极接法。以松下 YC-315TX 为例，其是晶闸管整流弧焊机，既可以用作手弧焊，也可以用作氩弧焊，还可以用作脉冲氩弧焊，一机多用，如图 12-3 所示。

图 12-3 松下 YC-315TX 焊机

2. 主要结构和外部接线

YC-315TX 型手工钨极氩弧焊机由控制系统的焊接电源、冷却水箱和供气系统组成，其外部接线如图 12-4 所示，焊机的控制面板如图 12-5 所示。

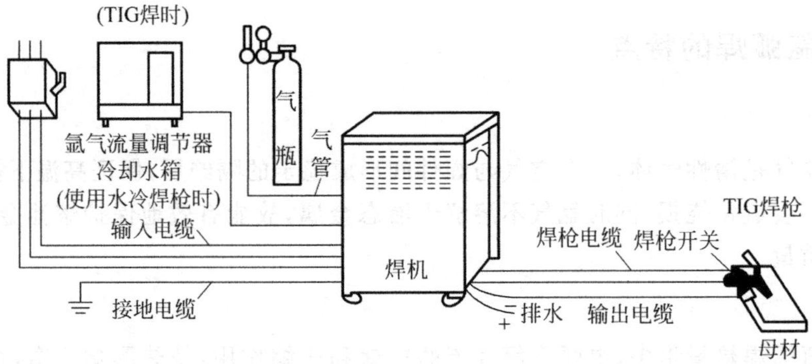

图 12-4 手工钨极氩弧焊机外部接线图

3. 氩气与流量调节器

(1) 氩气

氩气是一种理想的气体，一般是将空气液化后采用分馏法制取，是制氧过程中的副产品。氩气的密度大，可形成稳定的气流层，覆盖在熔池周围，对焊缝区有良好的保护作用。氩气是惰性气体，高温时不溶于液态金属中，特别适用于有色金属的焊接。氩弧焊对氩气的纯度要求很高，应达到 99.99%。

焊接用氩气以瓶装供应，其外表涂成灰色，并且注有绿色“氩气”字样。氩气瓶的容积一般为 40L，在 20℃时的满瓶压力为 14.7MPa，如图 12-6 所示。

图 12-5 手工钨极氩弧焊机控制面板

图 12-6 氩气瓶

(2) 氩气流量调节器

氩气流量调节器不仅能起到降压和稳压的作用，而且可方便地调节氩气流量。典型的氩气流量调节器的外形如图 12-7 所示。

图 12-7　氩气流量调节器

4. 氩弧焊焊枪

(1) 氩弧焊焊枪的作用

氩弧焊必备工具是焊枪(或称焊炬)，其作用主要是装夹钨极、传导焊接电流、输出保护气体和停止整机的工作系统。

(2) 氩弧焊焊枪的分类

按不同电极类别可分为钨极氩弧焊焊枪和熔化极氩弧焊焊枪两类。按操作方式可分为手工、自动钨极氩弧焊焊枪和半自动、自动熔化极氩弧焊焊枪四类。按冷却方式可分为水冷式和气冷式氩弧焊焊枪两类，如图 12-8 所示。

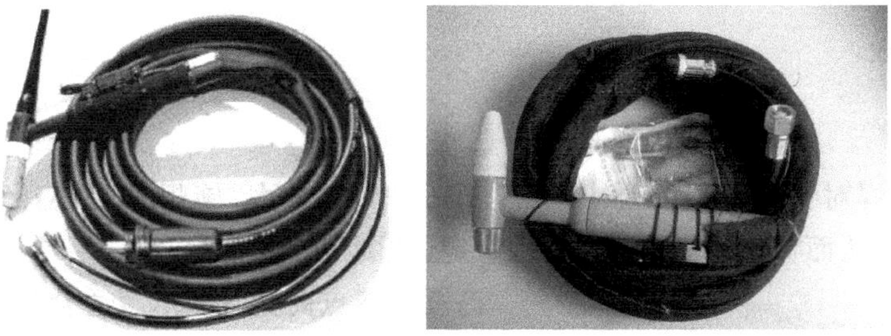

(a) 水冷式氩弧焊焊枪　　(b) 气冷式氩弧焊焊枪

图 12-8　氩弧焊焊枪

5. 手工氩弧焊焊枪的特点

(1) 钨极是借轴向压力来紧固的，通过旋转电极帽盖，可使电极夹头紧固或放松，因此装卸钨极很容易。

(2) 每把焊枪带有 2～3 个不同孔径的钨极夹头，可配用不同直径的钨棒，以适应不同焊接电流的需要，如图 12-9 所示。

(3) 每把焊枪各带长、短不同的两个帽盖，如图 12-10 所示，可适用于不同长度的钨棒(最长 160mm)和不同场合的焊接。

图 12-9　钨极夹头

图 12-10　长、短帽盖

(4) 分流器出气孔是一圈均匀分布的径向或轴向小孔,使保护气体喷出时形成层流,有效地保护金属熔池不被氧化,如图 12-11 所示。

(5) 焊枪手把上装有微动开关、按钮开关或船形开关,可避免操作者手指过度疲劳和因失误而影响焊接质量,如图 12-12 所示。

图 12-11 分流器

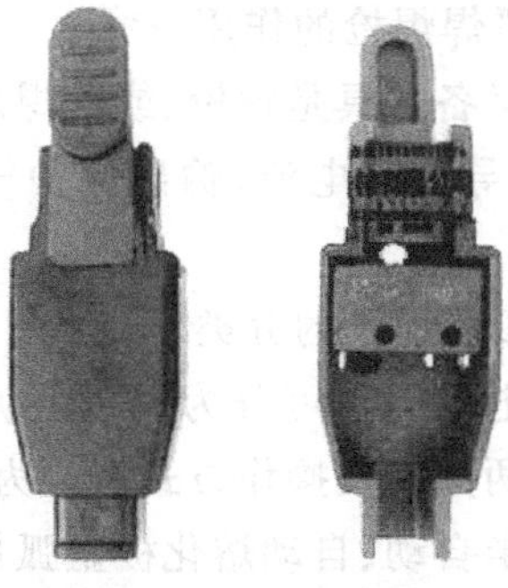

图 12-12 焊枪手把上的开关

二、钨极

1. 钨极材料

钨极氩弧焊对钨极材料的要求:耐高温、电流容量大、施焊损耗小,还应具有很强的电子发射能力,从而保证引弧容易、电弧稳定,如图 12-13 所示。

图 12-13 钨极

钨极的熔点高达 3410℃,适合作为非熔化电极,常用的钨极材料有纯钨极、钍钨极和铈钨极。

(1) 纯钨极。其牌号是 W1、W2,纯度在 99.85%以上。纯钨极要求焊机空载电压较高,使用交流电时,承载电流能力较差,故目前很少采用。

(2) 钍钨极。其牌号是 WTh-10、WTh-5,是在纯钨中加入 1%～2%的氧化钍制成。钍钨极电子发射率提高,增大了许用电流范围,降低了空载电压,改善引弧和稳弧性能,但是具有微量放射性。

(3) 铈钨极。其牌号是 WCe-20,是在纯钨中加入 2%的氧化铈制成。铈钨极比钍钨极更容易引弧,烧损率比后者低 5%～50%,使用寿命长,放射性极低,是目前推荐使用的电极材料。

2. 钨极的磨削

钨极端部的质量对焊接电弧稳定性及焊缝成形有很大的影响,因此使用前对钨极端部应进行磨削。使用交流电时钨极端部应磨成球形,以减小极性变化对电极的损耗;使用直流电时,因多采用直流正接,为使电弧集中燃烧稳定,钨极端部多磨成圆台形;用小电流施焊时,可以磨成圆锥形。如图 12-14 所示。

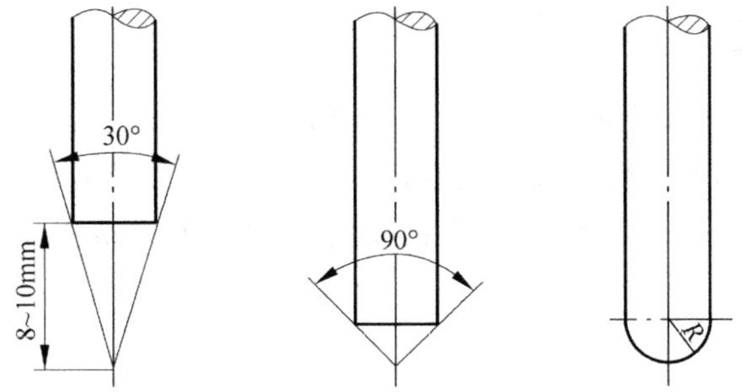

图 12-14　常用钨极端部的形状尺寸

三、焊丝

在钨极氩弧焊时，焊丝用作填充金属，选择的原则是强度、塑性和冲击韧度都不低于被焊材料的最低值。

12.3　钨极氩弧焊工艺

手工钨极氩弧焊焊接参数对焊缝的成形影响很大。手工钨极氩弧焊的主要工艺参数有钨极直径、焊接电流、电弧电压、焊接速度、电流种类和极性、钨极伸出长度、喷嘴直径、喷嘴与工件间距离及氩气流量等。

一、焊接电流与钨极直径

通常根据焊件的材质、厚度和接头的空间位置选择焊接电流。焊接电流增大时，熔深增大，焊缝宽度和余高稍有增加。

手工钨极氩弧焊用钨极的直径是一个比较重要的参数，因为钨极的直径决定了焊枪的结构尺寸、重量和冷却形式。因此，必须根据焊接电流选择合适的钨极直径。如果钨极较粗，焊接电流很小，由于电流密度低，钨极端部的温度不够，电弧会在钨极端部不规则地飘移，电弧很不稳定，破坏了保护区，熔池被氧化，焊缝成形不好，而且容易产生气孔。

当焊接电流超过了相应直径的许用电流时，由于电流密度太高，钨极端部温度达到或超过钨极的熔点，可看到钨极端部出现熔化迹象，端部很亮。当电流继续增大时，熔化了的钨极在端部形成一个小尖状凸起，逐渐变大形成熔滴，电弧随熔滴尖端飘移，很不稳定，这不仅破坏了氩气保护区，使熔池被氧化，焊缝成形不好，而且熔化的钨滴落入熔池后会产生夹钨缺陷。

同一种直径的钨极，在不同的电源和极性条件下，允许使用的电流范围是不同的。相同直径的钨极，直流正接时许用电流最大；直流反接时许用电流最小；交流时许用电流介于两者之间。

二、电弧电压

电弧电压主要由弧长决定，弧长增加，焊缝宽度增加，熔深稍减小。若电弧太长时，容易引起未焊透及咬边，而且保护效果也不好；若电弧太短很难看清熔池，而且送丝时容易碰到钨极引起短路，使钨极受污染，加大钨极烧损，还容易造成夹钨。通常使弧长近似等于钨极直径。

三、焊接速度

焊接速度增加时，熔深和熔宽减小。焊接速度太快时，容易产生未焊透，焊缝高而窄，两侧熔合不好；焊接速度太慢时，焊缝很宽，还可能产生焊漏烧穿等缺陷。手工钨极氩弧焊时，通常都是焊工根据熔池大小、熔池形状和两侧熔合情况随时调整焊接速度，选择焊接速度时，应考虑以下因素。

(1) 在焊接铝及铝合金以及高导热性金属时，为减小变形，应采用较快的焊接速度。

(2) 焊接有裂纹倾向的合金时，不能采用高速度焊接。

(3) 在非平焊位置焊接时，为保证较小的熔池，避免铁水下流，尽量选择较快的焊速。

四、焊接电源种类与极性

氩弧焊采用的电流种类和极性与所焊金属及其合金种类有关。有些金属只能用直流正极性或反极性，有些交、直流电流都可使用。因而需根据不同材料选择电源和极性，见表 12-1。

表 12-1 焊接电源种类与极性

电源的种类与极性	被焊金属材料
直流正极性	低合金高强度钢、不锈钢、耐热钢、铜、钛及其合金
直流反极性	适用各种金属的熔化极氩弧焊
交流电源	铝、镁及其合金

直流正极性时，焊件接正极，温度较高，适于焊接厚焊件及散热快的金属。

采用交流电焊接时，具有阴极破碎作用，即焊件为负极时，因受到正离子的轰击，焊件表面的氧化膜破裂，使液态金属容易熔合在一起，通常用来焊接铝、镁及其合金。

五、喷嘴直径与氩气流量

喷嘴是保护气体的出气通道，要求光滑均匀，能以较小的气体流速获得较好的保护效果，结构简单，易于加工。喷嘴内通道通常有两种形状：圆柱形状和收敛形状，如图 12-15 所示。圆柱形状的喷嘴保护效果较好，收敛形状的喷嘴常用于小电流和狭窄处。

喷嘴的材料可以是陶瓷、纯铜或石英。陶瓷喷嘴价格低廉，使用较多，焊接电流不超过 350A，如图 12-16 所示。纯铜喷嘴使用电流可以达 500A，需要用绝缘套将喷嘴与导电部分绝缘。石英喷嘴较贵，但焊接时可见度好。

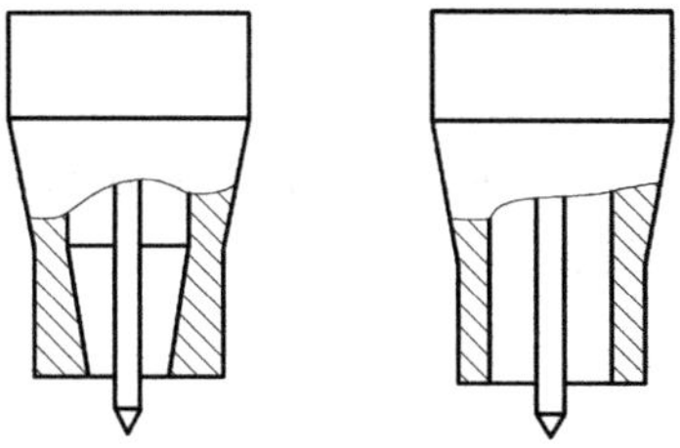

(a) 收敛形状　　(b) 圆柱形状

图 12-15　喷嘴内通道形状

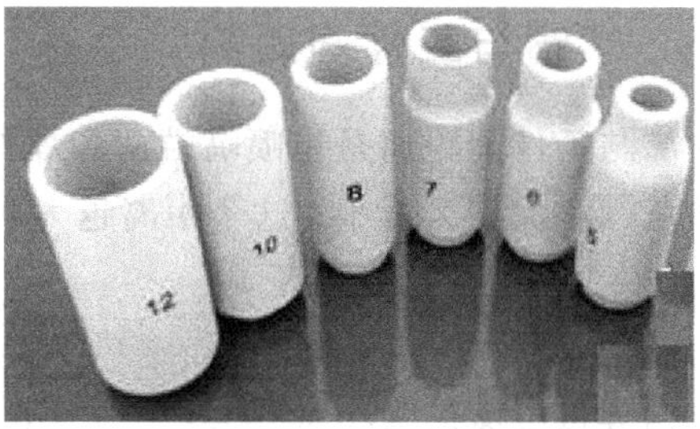

图 12-16　陶瓷喷嘴

喷嘴直径(指内径)越大,保护区范围越大,要求保护气的流量也越大。可按下式选择喷嘴内径:

$$D=(2.5\sim 3.5)d_{\mathrm{w}}$$

式中,D——喷嘴直径或内径,mm;

d_{w}——钨极直径,mm。

当喷嘴直径确定以后,决定保护效果的是氩气流量。氩气流量太小时,保护气流软弱无力,保护效果不好。氩气流量太大,容易产生紊流,保护效果也不好。保护气流量合适时,喷出的气流是层流,保护效果好,如图 12-17 所示。可按下式计算氩气的流量:

$$Q=(0.8\sim 1.2)D$$

式中,Q——氩气流量,L/min;

D——喷嘴直径,mm。

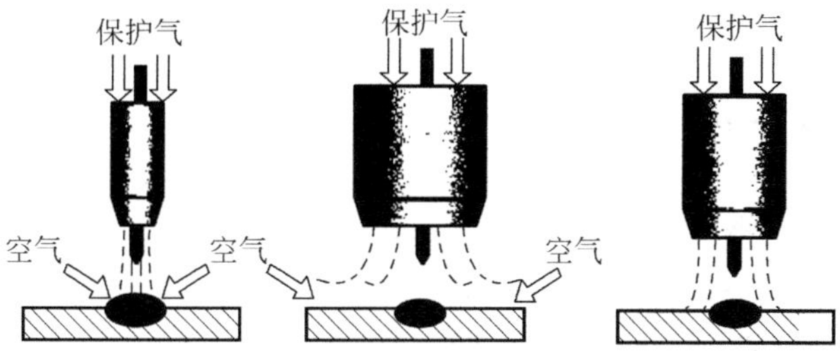

(a) 喷嘴过小　　(b) 喷嘴过大　　(c) 喷嘴适中

图 12-17　喷嘴直径的大小对保护效果的影响

D 较小时,Q 取下限;D 较大时,Q 取上限。实际工作中,通常可根据试焊情况选择流量,流量合适时,保护效果好,熔池平稳,表面明亮没有渣,焊缝外形美观,表面没有氧化痕迹。

六、钨极伸出长度

为了防止电弧热烧坏喷嘴,钨极端部应突出喷嘴以外。钨极端头至喷嘴端头的距离称钨极伸出长度。钨极伸出长度越小,喷嘴与焊件间距离越近,保护效果越好,但过近会妨碍观察熔池。通常焊对接焊缝时,钨极伸出长度为 3～4mm 较好;焊角焊缝时,钨极伸出长度为 5～6mm 较好。

七、喷嘴与工件间距离

喷嘴与工件间距离是指喷嘴端面和焊件间距离，这个距离越小，保护效果越好，但能观察的范围和保护区都小；这个距离越大，保护效果越差。

八、焊丝直径

根据焊接电流的大小选择焊丝直径，表12-2给出了它们之间的关系。

表12-2 焊接电流与焊丝直径的匹配关系

焊接电流/A	焊丝直径/mm	焊接电流/A	焊丝直径/mm
4～20	≤1.0	200～300	2.4～4.5
20～50	1.0～1.6	300～400	3.0～6.0
50～100	1.0～2.4	400～500	4.5～8.0
100～200	1.6～3.0		

12.4 手工钨极氩弧焊基本操作技能训练

一、训练目的与要求

训练开坡口低碳钢管对接的焊接技能，提高对单面焊双面成形的理解；强化焊接的内部质量。

二、训练准备工作

(1) 练习焊件：20钢，尺寸 ϕ50mm×4mm×100mm。

(2) 焊丝：H08Mn2Si，直径 ϕ2.0mm。

(3) 焊接设备：焊机：松下YC-315TX。

(4) 辅助工具：角磨机、钢丝刷、敲渣锤、石笔、钢直尺等。

三、操作步骤与要领

1. 焊前准备

(1) 试件的准备

选用20钢管，小直径管尺寸为 ϕ50mm×4mm×100mm。焊件可根据练习情况自定管径、壁厚及材质。

(2) 焊前清理

用锉刀、砂布、钢丝刷或角磨机等工具，将管内、外壁的坡口边缘20mm范围内铁锈、油污和氧化皮等杂质除净，使其露出金属光泽。但应特别注意，在打磨过程中不要破坏坡口角度和钝边尺寸，以免给打底焊带来困难。

(3) 焊接材料与设备

① 焊接电源采用直流正接法(管子接正极,焊枪的钨极接负极)。

② 焊丝截成每根长度为800～1000mm,并用砂布将焊丝打磨出金属光泽;保护气体为纯度99.99%的氩气;选用铈钨极,规格为ϕ2.5mm。

(4) 装配与定位焊

管子在装配与定位焊时,使用的焊丝和正式焊接时相同。定位焊时,坡口间隙:时钟6点处间隙为1mm,时钟0点处间隙为0.5mm,坡口钝边自定。定位焊缝均布3处,长10～15mm,采用搭桥连接,不能破坏坡口的棱边。

2. 小直径管水平转动对接焊操作

(1) 焊接参数

小直径管水平转动对接焊的焊接参数见表12-3。

表12-3 小直径管水平转动对接焊的焊接参数

焊接电流/A	电弧电压/V	氩气流量/(L/min)	钨极直径/mm	焊丝直径/mm	喷嘴直径/mm	喷嘴到焊件的距离/mm	层间最高温度/℃
80～120	9～13	8～12	2.5	2.0	8	≤10	150

(2) 焊接角度

焊两层两道,焊枪倾斜角度与电弧对中位置如图12-18所示。

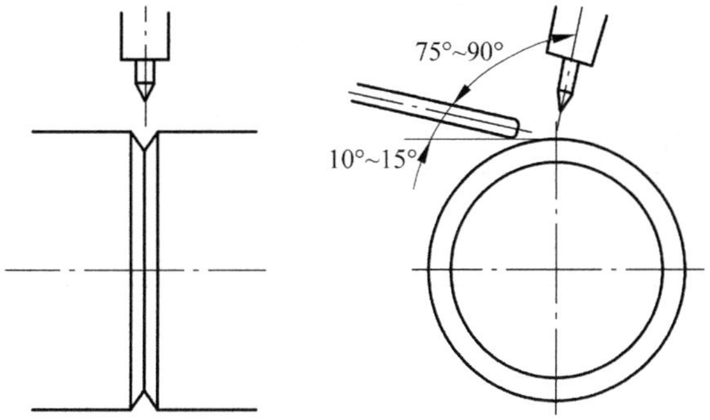

图12-18 小直径管水平转动对接焊焊枪倾斜角度与电弧对中位置

(3) 打底层

在时钟0点处引燃电弧,管子先不动,也不加丝,待管子坡口熔化形成明亮的熔池和熔孔后,管子开始转动并加焊丝。

焊接过程中焊接电弧始终保持在时钟0点处,并对准间隙,可稍作横向摆动,应保证管子的转动速度和焊接速度一致。焊接过程中,填充焊丝以往复运动方式间断送入电弧内的熔池前方,成滴状加入。焊丝送进要有规律,不能时快时慢,这样才能保证焊缝成形美观。焊接过程中,试件与焊丝、喷嘴的位置要保持一定距离,避免焊丝扰乱气流及触到钨极。焊丝末端不得脱离氩气保护区,以免端部被氧化。

当焊至定位焊缝处,应暂停焊接。收弧时,应将焊丝抽离电弧区,但不要脱离氩气保护区,同时切断控制开关,这时焊接电流衰减,熔池随之缩小。当电弧熄灭后,延时切断氩气时,焊枪才能移开。将定位焊缝磨掉,并将收弧处磨成斜坡并清理干净后,管子暂停转动与加焊丝,在斜坡上引燃电弧,待焊缝开始熔化时,加丝接头,焊枪回到时钟 12 点处管子继续转动,至焊完打底层焊道为止。

打底层焊道封闭前,先停止送进焊丝和转动,待原来的焊缝头部开始熔化时,再加丝接头,填满弧坑后断弧。

(4) 盖面层

焊盖面层焊道时,除焊枪横向摆动幅度稍大外,其余操作与打底层焊接时相同。

四、考核要求

管对接焊检查项目及评分标准见表 12-4。

表 12-4　管对接焊检查项目及评分标准

序号	检测项目	项目要求	完成情况			
			优	良	中	差
1	劳保防护用品	正确穿戴				
2	焊接动作的协调性	左右手配合良好				
3	定位焊的质量	定位焊的长度和间隙				
4	焊缝表面的直线度	直线度偏差≤2mm				
5	焊缝表面的焊接波纹	表面圆滑过渡				
6	起头、收尾和连接的质量	无明显缺陷				
7	熔透焊缝的背面成形	成形率≥95%				
8	操作熟练程度	动作娴熟				
9	合作精神	团结协作				

复习思考题

一、填空题

1. 氩弧焊的特点是________、________、________和________。

2. 钨极氩弧焊的焊接材料是________和________。氩气瓶外涂________色,并注有________色的氩气字样,其容积一般为________L,在温度为 20℃时,满瓶压力为________MPa。

3. 常用的钨极有________、________和________,其中________放射性极低,是目前推荐使用的电极材料。

4. 选择合适的氩气流量可按公式________进行计算。喷嘴直径一般根据钨极直径来选择,可按经验公式________确定。

5. 钨极端部的质量对________稳定性及焊缝成形有很大的影响,因此使用前对钨极端部应进行磨削。使用交流电时钨极端部应磨成________,以减小极性变化对电极的损耗。

6. 因为钍有放射性危害,故磨削钍钨极的砂轮必须装有________装置,焊工应戴________,磨削完毕应洗净________。

二、判断题

1. 氩气是惰性气体,具有高温下不溶入液态金属又不与焊缝金属发生化学反应的特性。 ( )

2. 手工钨极氩弧焊较好的引弧方法是接触引弧法。 ( )

3. 手工钨极氩弧焊时,由于电弧受到氩气的压缩和冷却作用,使电弧热量集中,热影响区缩小,因此,焊接应力和变形较大,此法用于厚板的焊接。 ( )

4. 钨极氩弧焊和手工电弧焊一样,都是采用气渣联合保护形式来保证焊接质量的。 ( )

5. 手工钨极氩弧焊时,为增强保护效果,氩气的流量越大越好。 ( )

6. 手工钨极氩弧焊几乎可以焊接所有的金属材料。 ( )

7. 收弧时,应将焊丝抽离电弧区,但不要脱离氩气保护区,同时切断控制开关,这时焊接电流衰减,熔池随之缩小,当电弧熄灭后,延时切断氩气时,焊枪才能移开。 ( )

三、选择题

1. 手工钨极氩弧焊焊接钢材时,用来作为打底焊,多选用直径为( )的焊丝。

A. 0.8～1.2mm　　B. 1.2～1.5mm

C. 1.5～2.0mm　　D. 2.0～2.5mm

2. 焊缝两侧杂质如果不清除,会影响电弧稳定性,恶化焊缝成形,会导致形成一系列缺陷,但是不会形成的是( )。

A. 气孔　　B. 焊透　　C. 夹杂　　D. 未熔合

3. 氩弧焊影响人体的有害因素不包括( )。

A. 放射性　　B. 高频电子场　　C. 有害气体　　D. 氩气

4. 氩弧焊焊接不锈钢时,宜采用( )。

A. 直流正接　　B. 交流　　C. 直流反接　　D. 脉冲

5. 钨极氩弧焊焊接的板材厚度范围,从生产率考虑以( )以下为宜。

A. 1mm　　B. 2mm　　C. 3mm　　D. 4mm

6. 氩气是一种良好的焊接用保护气体,它的主要缺点是( )。

A. 对熔池极好的保护作用　　B. 价格较贵,焊接成本高

C. 其本身不与金属反应　　D. 其不溶于金属

7. 氩弧焊的电源种类和极性需根据( )进行选择。

A. 焊件材质　　B. 焊丝材质

C. 焊件厚度　　D. 焊丝直径

8. 小直径管或壁厚不大于 10mm 的管子采用( )。

A. V 形坡口　　B. 双 V 形坡口

C. U 形坡口　　D. 不开坡口

四、问答题

1. 什么是手工钨极氩弧焊？焊接过程如何？有哪些特点？
2. 钨极氩弧焊对电极材料有何要求？
3. 钨极氩弧焊的主要焊接工艺参数有哪些？如何选择？
4. 请小结钢管钨极氩弧焊的操作要点。

附录1 焊工职业技能鉴定(初级)理论知识试卷

模拟试卷

一、单项选择(第1题～第70题。选择一个正确的答案,将相应的字母填入题内的括号中。每题1分,满分70分。)

1. 平行投影法中,投影线与投影面垂直时的投影称(　　)。
   A. 平行投影　B. 倾斜投影　C. 垂直投影　D. 正投影
2. 简单物体的剖视方法有(　　)。
   A. 全剖视图和局部剖视图　B. 全剖视图、半剖视图和局部剖视图
   C. 半剖视图和局部剖视图　D. 全剖视图和半剖视图
3. 焊接(　　)结构时,容易出现的缺陷是冷裂纹。
   A. 低合金厚板　B. 低合金薄板
   C. 低碳钢厚板　D. 低碳钢薄板
4. 下列钢中,属于奥氏体不锈钢的是(　　)。
   A. 0Cr13　B. 1Cr13　C. 0Cr19Ni9　D. 15MnVR
5. 在优质碳素结构钢中S、P的质量分数一般为(　　)。
   A. ≤0.04%　B. ≤0.05%　C. ≤0.035%　D. ≤0.025%
6. 碳素工具钢碳的质量分数一般应为(　　)。
   A. 小于0.25%　B. 大于0.7%
   C. 小于0.55%　D. 大于2.1%
7. 下列钢中,属于弹簧钢的是(　　)。
   A. 20MnVB　B. 40Cr　C. 35CrMo　D. 65Mn
8. 下列物质中属于非晶体的是(　　)。
   A. 普通玻璃　B. 铁　C. 铜　D. 铝
9. 下列金属中属于三元合金的是(　　)。
   A. 黄铜　B. 碳素钢　C. 硬铝　D. 纯铜
10. 铁素体的表示符号是(　　)。
    A. S　B. Cm　C. F　D. LD
11. 将钢加热到适当温度,保持一定时间,然后缓慢冷却的热处理工艺称为(　　)。
    A. 正火　B. 回火　C. 退火　D. 淬火
12. 在下列退火方法中,钢的组织不发生变化的是(　　)。
    A. 完全退火　B. 球化退火
    C. 完全退火和去应力退火　D. 去应力退火

13. 电场力将 1 库仑的电荷从 A 移到 B 所做的功是 1 焦耳，则 A、B 间的电压值为（　　）。

A. 1 毫伏　　B. 1 微伏　　C. 答案都不对　　D. 1 千伏

14. 电位差符号常用带双脚标的字母来表示的是（　　）。

A. V　　B. A　　C. U　　D. F

15. 维持电弧放电的电压一般为（　　）V。

A. 10～50　　B. 50～110　　C. 200～220　　D. 280～380

16. （　　）引弧法一般用于钨极氩弧焊焊接方法中。

A. 高频低压　　B. 高频高压　　C. 低频高压　　D. 低频低压

17. 焊接电弧的组成是（　　）。

A. 正极、负极和电弧　　B. 正极、负极和弧柱

C. 阴极区、阳极区和弧柱区　　D. 阴极区、阳极区和电弧

18. 一般手工电弧焊的焊接电弧中温度最高的是（　　）。

A. 阴极区　　B. 阳极区　　C. 弧柱区　　D. 无法确定

19. 埋弧自动焊采用大电流焊接时，电弧的静特性曲线在 U 形曲线的（　　）。

A. 下降段　　B. 水平段

C. 上升段　　D. 水平和上升段

20. 手工电弧焊时，其弧焊电源的外特性曲线与电弧的静特性曲线共有（　　）个交点。

A. 2　　B. 3　　C. 4　　D. 5

21. 我国生产的弧焊发电机空载电压一般在（　　）V 以下。

A. 50　　B. 70　　C. 90　　D. 110

22. 为了获得一定范围所需的焊接方法，就必须要求弧焊电源具有（　　）条可以均匀改变的外特性曲线。

A. 5　　B. 6　　C. 7　　D. 很多

23. 当选择焊接材料合适时，（　　）的方法是手弧焊。

A. 只可以进行水平位置焊接

B. 不可能进行空间平、立、横、仰及全位置焊接

C. 不可进行空间平、立、横、仰及全位置焊接

D. 可进行空间平、立、横、仰及全位置焊接

24. 焊接时（　　）的目的主要是保证焊透。

A. 增加熔宽　　B. 开坡口

C. 增大熔合比　　D. 减少应力

25. 一般碱性焊条焊接时应采用（　　）电源形式。

A. 直流正接　　B. 直流反接

C. 交流电源　　D. 直流正接或反接皆可

26. 焊条直径及焊接位置相同时，碱性焊条比酸性焊条所用的焊接电流（　　）。

A. 大　　B. 小　　C. 相等　　D. 无法判定

27. 手工电弧焊时,焊接( )应根据焊条性质进行选择。

A. 焊条直径 B. 电源的种类

C. 焊件材质 D. 焊件厚度

28. 当电流过大或焊条角度不当时,易造成( ),其主要危害是在根部造成应力集中。

A. 未焊透 B. 夹渣 C. 凹坑 D. 咬边

29. 降低碱性焊条的水分含量,主要是为了防止焊接过程中( )缺陷的产生。

A. 气孔 B. 夹渣 C. 咬边 D. 未熔合

30. 焊接区域的氮主要来源于( )。

A. 空气 B. 焊条药条 C. 焊芯 D. 工件

31. 低合金结构钢及低碳钢的( )时可采用高锰高硅焊剂与低锰焊丝相配合。

A. 接触焊 B. 手弧焊

C. 二氧化碳气体保护焊 D. 埋弧自动焊

32. 埋弧自动焊时,若其他工艺参数( ),焊件的装配间隙与坡口角度减小,则会使熔合比增大,同时熔深将减小。

A. 增大 B. 减小 C. 不变 D. 不变或减小

33. 增大送丝速度,则 MZ1-1000 型自动埋弧焊机焊接电流将( )。

A. 增大 B. 减小 C. 不变 D. 波动

34. 防止埋弧焊产生咬边的主要措施是调整( )位置和调节焊接规范。

A. 电容 B. 电阻 C. 焊剂 D. 焊丝

35. 用外加气体作为电弧介质并保护电弧和焊接区的电弧焊称为( )。

A. 手工电弧焊 B. 气体保护焊 C. 气焊 D. 气压焊

36. 气体保护焊时,保护气体成本( )的是二氧化碳。

A. 一样 B. 最高 C. 最低 D. 适中

37. 手弧焊焊接方法的代号是( )。

A. 111 B. 112 C. 113 D. 128

38. 电弧焊中,氩弧的稳定性最好,在低电压时也十分稳定,一般电弧电压的范围是( )V。

A. 5~6 B. 6~8 C. 7~10 D. 8~15

39. 手工电弧焊时,焊条既作为电极,在焊条熔化后又作为( )直接过渡到熔池,与液态的母材熔合后形成焊缝金属。

A. 热影响区 B. 接头金属 C. 焊缝金属 D. 填充金属

40. 酸性焊条的熔渣由于氧化性强,所以( )在药皮中加入大量合金。

A. 可以 B. 能 C. 不能 D. 必须

41. 碱性焊条的脱渣性比酸性焊条的脱渣性( )。

A. 差 B. 好 C. 一样 D. 不能判断

42. 焊芯牌号末尾注有“A”字,表示焊芯硫磷的质量分数均小于( )。

A. 0.025% B. 0.03% C. 0.04% D. 0.3%

43. 重力焊条的长度一般为( )mm。

A. 250～350　　B. 350～450

C. 500～1000　　D. 1000～2000

44. E4303 焊条前两位数字表示熔敷金属抗拉强度的最小值为( )MPa。

A. 42　　B. 420　　C. 4200　　D. 4

45. 对焊缝无特殊要求时,应采用( )。

A. 酸性焊条　　B. 碱性焊条　　C. 铁粉焊条　　D. 重力焊条

46. 低氢型焊条一般在常温下保存不超过( )h,就应重新烘干。

A. 4　　B. 6　　C. 8　　D. 10

47. 焊条必须垫高( )mm 以上分层堆放。

A. 200　　B. 300　　C. 400　　D. 500

48. 埋弧焊时,焊剂可以提高( )。

A. 焊缝中硫的含量　　B. 焊缝的机械性能

C. 焊缝的冷却速度　　D. 焊缝中氢的含量

49. 焊接接头其实是指( )。

A. 焊缝　　B. 焊缝和热影响区

C. 焊缝和熔合区　　D. 焊缝、熔合区和热影响区

50. 综合性能最好的接头形式是( )。

A. 角接接头　　B. 对接接头　　C. 搭接接头　　D. T 形接头

51. ( )坡口加工容易,但焊后易产生角变形。

A. V 形　　B. U 形　　C. 双 U 形　　D. X 形

52. 手工电弧焊焊接低碳钢和低合金结构钢,当工件厚度为 3～26mm,对接接头,Y 形坡口,坡口角度为( )。

A. 20°～30°　　B. 30°～40°　　C. 40°～60°　　D. 60°～70°

53. 焊前为装配和固定焊件接头位置而焊接的短焊缝称为( )。

A. 塞焊缝　　B. 定位焊缝　　C. 联系焊缝　　D. 工作焊缝

54. 焊接电流一定时,减小焊丝直径( ),使熔深增大,焊缝成形系数减小。

A. 电流密度就减小　　B. 电感密度就减小

C. 电流密度就增加　　D. 电感密度就增加

55. 碳弧气刨用的电极材料应该是( )。

A. 含钾碳棒　　B. 含钍碳棒　　C. 纯碳棒　　D. 含铈碳棒

56. 碳弧气刨时,电弧的适宜长度为( )mm。

A. 1～2　　B. 2～3　　C. 3～4　　D. 4～5

57. 碳弧气刨后,在低碳钢刨槽表面产生的硬化层厚度为( )mm。

A. 0.54～0.72　　B. 0.64～0.85

C. 0.73～0.95　　D. 0.83～1.0

58. 将装配零件的边缘拉到规定尺寸的工具称为( )。

A. 夹紧工具　　B. 压紧工具　　C. 撑具　　D. 拉紧工具

59. 钨极氩弧焊(　　)常用的材料是陶瓷。

A. 绝缘　B. 导电　C. 电极　D. 喷嘴

60. 低碳钢几乎可以采用所有的焊接方法来进行焊接,并都能保证(　　)的良好质量。

A. 焊接形式　B. 焊接次数　C. 焊接接头　D. 焊接能量

61. 焊接低碳钢时,应根据钢材(　　)的结构钢焊条。

A. 化学成分来选用相应强度等级　B. 机械性能来选用相应强度等级

C. 强度等级来选用相应强度等级　D. 坡口形式来选用相应强度等级

62. 焊接一般低碳钢的工艺特点之一是(　　)。

A. 预热　B. 缓冷

C. 锤击焊缝减少应力　D. 刚性很大时,要进行预热

63. 对于比较干燥的环境,我国规定安全电压为(　　)V。

A. 36　B. 12　C. 24　D. 48

64. 为了防止触电,焊接时应该(　　)。

A. 焊机机壳接地　B. 焊件接地

C. 焊机机壳和焊件同时接地　D. 焊机机壳和焊件都不必接地

65. 在工件上平面划线所选工具不正确的是(　　)。

A. 划针　B. 划规　C. 钢直尺　D. 划针盘

66. 錾削操作不正确的方法是(　　)。

A. 手摸錾头端面　B. 工件应夹持牢固

C. 锤头与锤柄之间不应松动　D. 工件台设有防护网

67. 紫铜气焊时所选气焊熔剂是(　　)。

A. 气剂 101　B. 气剂 201　C. 气剂 301　D. 气剂 401

68. 下列有关气焊用乙炔瓶的不正确说法是(　　)。

A. 乙炔瓶属于溶解气瓶　B. 外表面为白色

C. 乙炔瓶用来装可燃气体　D. 乙炔瓶的工作压力 1.5MPa

69. H01-6 属于低压焊炬,其可焊接的最大厚度为(　　)mm。

A. 0.06　B. 60　C. 0.6　D. 6

70. 中性焰的氧乙炔混合比是(　　)。

A. <1.1　B. 1.1～1.2　C. 1.2～1.5　D. >1.5

二、判断题(第 71 题～第 100 题。将判断结果填入括号中。正确的填"√",错误的填"×"。每题 1 分,满分 30 分。)

71. 由正投影得到的投影图能如实表达空间物体的形状和大小。(　　)

72. 剖面图要求画出剖切平面以后所有部分的投影。(　　)

73. 金属材料焊接性的好坏只取决于材料的化学成分,而与其他因素无关。(　　)

74. 碳的质量分数小于 0.35%的钢称为低碳钢。(　　)

75. Q235-A·F 中 235 代表的含义是屈服点为 235MPa 的 A 级沸腾钢。(　　)

76. 普通玻璃属于晶体,而绝大多数金属和合金都属于非晶体。(　　)

77. 在金属导体中，电流是自由电子在电场作用下作有规则运动形成的。（　）
78. 电路中某点与参考点间的电压称为该点的电位。（　）
79. 在不包含电源的一段电路中，电阻一定，电流随这段电路两端电压的增大而增大。（　）
80. 弧焊电源外特性曲线的形状都是陡降的。（　）
81. 焊机的空载电压一般不超过100V，否则将对焊工产生危险。（　）
82. 手工电弧焊和自动埋弧焊是采用渣气保护的保护方法。（　）
83. 低碳钢及普通低合金钢的埋弧自动焊时，多选用高锰高硅焊剂与低锰焊丝配合的方式。（　）
84. 埋弧自动焊时，采用的主要接头形式是对接接头、T形接头和搭接接头。（　）
85. 采用气体保护焊时，电极和电弧区及熔化金属都处在气体保护之中使之与空气隔离。（　）
86. 氮气、氢气是焊接中的有害气体，所以它们绝不能用来作保护气体。（　）
87. 焊条由药皮和焊芯两部分组成。（　）
88. 焊条药皮中稳弧剂的作用是改善焊条的引弧性能和提高焊接电弧的稳定性。（　）
89. E4303焊条熔渣的脱渣性比E5015焊条差。（　）
90. 焊芯的作用只是传导电流。（　）
91. 采用碱性焊条时，应该用短弧焊接。（　）
92. E4303是典型的碱性焊条。（　）
93. 用焊接方法连接的接头称为焊接接头，它包括焊缝区、熔合区和热影响区。（　）
94. 碳弧气刨的电极是石墨棒或碳极。（　）
95. 铸铁和铜及铜合金碳弧气刨时，其电源极性应为直流反接。（　）
96. 低碳钢碳弧气刨后，刨槽表面硬化层的厚度为0.54～0.72mm。（　）
97. 珠光体耐热钢在碳弧气刨时须预热至200℃后，气刨性能良好。（　）
98. 电弧焊时，产生触电危险性最大的是在焊接电源的二次端。（　）
99. 钢材矫正设备一般有平板机、卷板机、专用矫正机和各种压力机。（　）
100. 检查设计图样的正确性是放样的目的之一。（　）

附录2　焊工职业技能鉴定(初级)操作技能考核试题

模拟试卷

一、考核内容

试题1　20钢管V形坡口对接水平转动手工电弧焊

考核要求：

(1) 单面焊双面成形。

(2) 焊条按要求规定烘干,随用随取。

(3) 焊件可随意转动。

(4) 焊前清理坡口,露出金属光泽。

(5) 清理干净,并保持焊缝原始状态。

(6) 操作时间为30min。

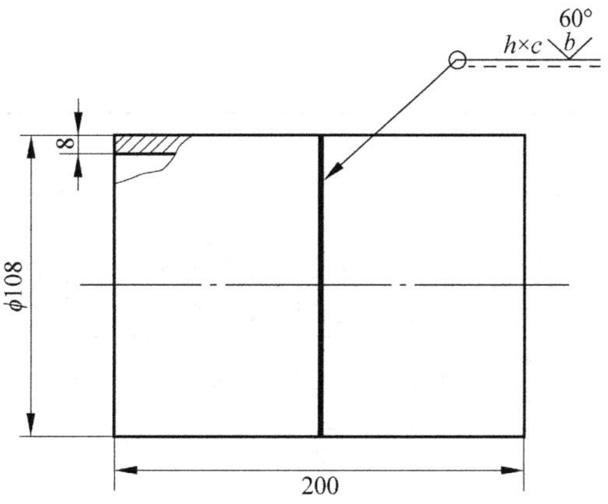

试题2　Q235-A钢板T形接头立位气焊

考核要求：

(1) 焊丝表面必须去除油、锈等污物。

(2) 采用中性焰焊接。

(3) 在焊件背面点固。

(4) 根部熔深大于0.5mm。

(5) 焊前清理待焊部位,露出金属光泽。

(6) 焊件施焊不得改变焊接位置。

(7) 焊缝表面要求圆滑过渡。

(8) 清理干净,并保持焊缝原始状态。

(9) 操作时间为30min。

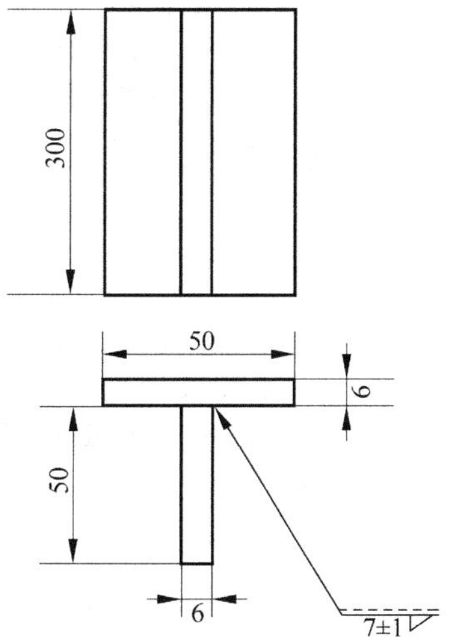

试题3 Q235-A厚钢板直线手工气割

考核要求：

(1) 割缝处附近的氧化铁清理干净。

(2) 不允许从多割件中挑选。

(3) 清理干净，保持割件原始表面。

(4) 必要的工具及劳保用品准备齐全。

(5) 严格按安全操作规程执行操作。

(6) 采用中性焰切割。

(7) 切割操作时间为15min。

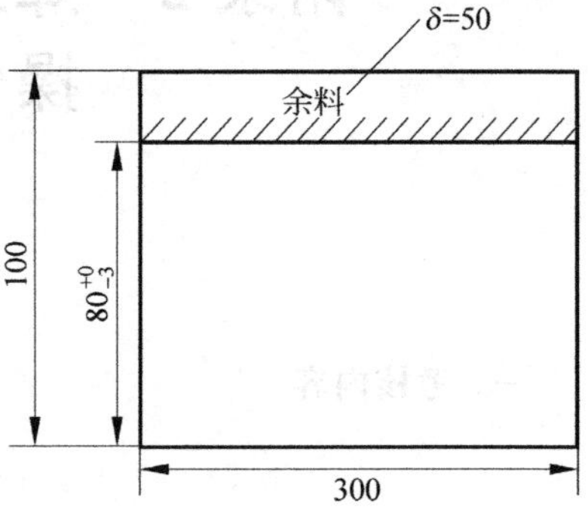

二、评分标准

试题1 20钢管V形坡口对接水平转动手工电弧焊

序号	考核内容	考核要点	配分	评分标准	检测结果	扣分	得分
1	焊前准备	劳保着装及工具准备齐全，参数设置、设备调试正确	5	工具及劳保着装不符合要求，参数设置、设备调试不正确有一项扣1分			
2	焊接操作	试件空间位置符合要求	10	试件空间位置超出规定的范围扣10分			
3	焊缝外观	焊缝表面不允许有焊瘤、气孔、烧穿等缺陷	10	出现任何一项缺陷该项不得分			
		焊缝咬边深度≤0.5mm，两侧咬边总长度不超过焊缝有效长度的15%	10	1. 咬边深度≤0.5mm时，累计长度5mm扣1分，累计长度超过焊缝有效长度的15%时扣10分； 2. 咬边深度>0.5mm时扣10分			
		未焊透深度≤15%δ，且≤1.5mm，长度不超过焊缝有效长度的10%(氩弧焊打底的焊件不允许未焊透)	10	1. 未焊透深度≤15%δ，且≤1.5mm时，累计长度每5mm扣1分，累计长度超过焊缝有效长度的10%扣10分； 2. 未焊透深度>1.5mm时扣10分			
		壁厚≤6mm时背面凹坑深度≤25%δ，且≤1mm；壁厚>6mm时深度≤20%δ，且≤2mm，总长度不超过焊缝有效长度的10%	5	1. 壁厚≤6mm时 (1) 背面凹坑深度≤25%δ，≤1mm时，长度超过焊缝有效长度的10%时扣5分； (2) 深度>1mm时扣5分。 2. 壁厚>6mm时 (1) 深度≤20%δ且≤2mm时总长度超过焊缝有效长度的10%时扣5分； (2) 深度>2mm时扣5分			

续表

序号	考核内容	考核要点	配分	评分标准	检测结果	扣分	得分
3	焊缝外观	双面焊缝余高 0～3mm,焊缝宽度比坡口每侧增宽 0.5～2.5mm,宽度误差≤3mm	10	每种尺寸超差一处扣 2 分,扣满 10 分为止			
		错边≤10%δ	5	超差扣 5 分			
4	内部质量	X 射线探伤检验	30	Ⅰ级片不扣分;Ⅱ级片扣 10 分;Ⅲ级片扣 20 分;Ⅲ级片以下不得分			
5	其他	安全文明生产	5	设备复位、工具摆放整齐、清理试件、打扫场地、人走灯关,有一处不符合要求扣 1 分			
6	定额	操作时间		每超 1min 从总分中扣 2 分			
合计			100				
否定项:1. 焊缝表面出现裂纹、未熔合缺陷。2. 操作时间超出定额的 50%。3. 焊缝原始表面破坏。							

试题 2 Q235-A 钢板 T 形接头立位气焊

序号	考核内容	考核要点	配分	评分标准	检测结果	扣分	得分
1	焊前准备	劳保着装及工具准备齐全,参数设置、设备调试正确	5	工具及劳保着装不符合要求,参数设置、设备调试不正确或不符合标准各扣 1 分			
2	焊接操作	试件空间位置符合要求	10	试件空间位置超出规定的范围扣 10 分			
3	焊缝外观	焊缝表面不允许有焊瘤、气孔、烧穿等缺陷	10	出现任何一项缺陷该项不得分			
		焊缝咬边深度≤0.5mm,两侧咬边总长度不超过焊缝有效长度的 15%	10	1. 咬边深度≤0.5mm 时,累计长度每 5mm 扣 1 分,累计长度超过焊缝有效长度的 15%时扣 10 分; 2. 咬边深度>0.5mm 时扣 10 分			
		焊缝凹凸度差≤1.5mm	10	1. 凹凸度差>1.5mm 时扣 10 分; 2. 凹凸度差≤1.5mm 时不扣分			
		焊脚尺寸 $K=\delta+(1\sim2)$mm	15	每超差一处扣 5 分			
		两板之间夹角为 90°±2°	5	超差扣 5 分			
4	宏观金相检验	根部熔深≥0.5mm	10	根部熔深<0.5mm 时扣 10 分			
		条状缺陷	10	1. 最大尺寸≤1.5mm 且数量不多于 1 个时,不扣分; 2. 最大尺寸>1.5mm 或数量多于 1 个时,扣 10 分			
		点状缺陷	10	1. 点数≤6 个时,每个扣 1 分; 2. 点数>6 个时,扣 10 分			

续表

序号	考核内容	考核要点	配分	评分标准	检测结果	扣分	得分
5	其他	安全文明生产	5	设备复位、工具摆放整齐、清理试件、打扫场地、人走灯关，有一处不符合要求扣1分			
6	定额	操作时间		每超1min从总分中扣2分			
	合　计		100				

否定项：1. 焊缝表面出现裂纹、未熔合缺陷。2. 操作时间超出定额的50%。3. 焊缝原始表面破坏。4. 焊接操作时任意改变焊件位置。

评分人：　　　　年　　月　　日　　　　　　核分人：　　　　年　　月　　日

试题3　Q235-A厚钢板直线手工气割

序号	考核内容		配分	评分标准	检测结果	扣分	得分
1	割前准备		5	工具、劳保用品准备，参数设置、设备调试等每缺一项或有一处不符合标准扣1分			
2	切割操作		5	送气顺序不对时扣5分			
3	割透状态		20	气割次数每增加一次扣5分，超过3次扣20分			
4	试件下料尺寸精度		20	按图样给定允许公差标准评分			
5	切割面质量	表面粗糙度($\leqslant 320\mu m$)	5	粗糙度$>320\mu m$时扣5分			
		平面度B值(mm) $\delta \leqslant 20, B \leqslant 4\%\delta$; $\delta = 20 \sim 100, B \leqslant 2.5\%\delta$	10	平面度超差扣10分			
		上边缘熔化宽度S值(mm)$\leqslant 1.5$	5	上边缘熔化宽度>1.5mm扣5分			
		有条状挂渣，用铲可铲除	5	挂渣较难清除，留有残迹扣5分			
		直线度p(mm)$\leqslant 2$	15	直线度$p>2$mm扣5分；$p>4$mm扣15分			
		垂直度C(mm)$\leqslant 3\%\delta$	10	垂直度超差扣10分			
6	定额	操作时间		每超1min从总分中扣2分			
	合　计		100				

否定项：1. 回火烧毁割嘴。2. 割缝原始表面破坏。3. 切割操作时间超出定额的50%。

评分人：　　　　年　　月　　日　　　　　　核分人：　　　　年　　月　　日

三、成绩表

总成绩表

序号	试 题 名 称	配分(权重)	得分	备注
1	20钢管V形坡口对接水平转动手工电弧焊	50		
2	Q235-A钢板T形接头立位气焊	25		
3	Q235-A厚钢板直线手工气割	25		
合　　计		100		

统分人：

附录3　焊工国家职业技能标准(部分)

初级电焊工知识要求

项　目	鉴定范围	鉴定内容	比重(100)	备注
基本知识	1. 识图知识	1. 正投影的基本原理； 2. 简单零件剖视(剖面)的表达方法； 3. 常用零件的规定画法及代号标注方法； 4. 焊接装配图及焊缝符号表示法与识读	5	
	2. 常用金属材料一般知识	1. 常用金属材料的物理、力学性能； 2. 碳素结构钢、合金钢； 3. 有色金属的牌号、性能和用途	5	
	3. 热处理一般知识	1. 退火、淬火、正火和回火的目的； 2. 实际应用知识	2	
	4. 电工常识	1. 直流电与电磁的基本知识； 2. 正弦交流电、三相交流电的基本概念； 3. 电流表和电压表的使用方法； 4. 安全用电的基本知识	3	
	5. 劳动防护	1. 焊接环境的有害因素和防护知识； 2. 安全用电知识，手工电弧焊安全操作规程	10	
专业知识	1. 焊接电弧及弧焊电源知识	1. 焊接电弧的引燃方法及直流电弧的结构和温度；对弧焊电源的基本要求； 2. 常用交、直流弧焊机的构造、使用方法和维护保养方法	9	
	2. 常用电弧焊工艺知识	1. 焊接工艺参数和焊接坡口的基本形式与尺寸； 2. 手工 TIG 焊的工艺特点、焊接工艺参数； 3. 电弧焊常见缺陷的产生原因及防止方法； 4. 焊接区域中有毒气体(氢、氧、氮)的危害	25	

续表

项　目	鉴 定 范 围	鉴 定 内 容	比重(100)	备注
专业知识	3. 常用焊接材料知识	1. 药皮作用,焊芯牌号,焊条的分类及保管; 2. 氩气和钨极的知识	8	
	4. 焊接接头及焊缝形式知识	1. 焊接接头的分类及接头形式; 2. 坡口形式、坡口角度和坡口面角度的含义; 3. 焊接位置的种类(板-板、板-管、管-管); 4. 焊接工艺参数对焊缝形状的影响; 5. 焊缝符号表示法	15	
	5. 焊接用工、夹具知识	焊接中常用装、夹具的结构及使用特点	6	
相关知识	1. 钳工知识	平面划线、錾削、锯削、锉削的基本知识	3	
	2. 相关工种一般工艺和知识	1. 气焊用焊接材料; 2. 气焊设备和工具的型号、规格、构造; 3. 焊接火焰和气焊工艺; 4. 手工气割的知识; 5. 钢材的矫正、放样、剪切、加工成形及连接的知识	9	

初级电焊工技能要求

项目	鉴定范围	鉴 定 内 容	鉴定比重(100)	备注
操作技能	基本操作技能	1. 焊接材料 正确使用和保管好焊接材料。 2. 焊接方法 (1) 手弧焊 ① 中厚板的板-板对接,V形坡口,平焊,单面焊双面成形; ② 板-管T形接头,垂直俯位焊(插入式或骑座式); ③ 大直径管对接,U形坡口,转动焊,单面焊双面成形; ④ 中厚板的板-板对接,V形坡口,立焊或横焊位的双面焊(焊完坡口焊缝后,用碳弧气刨清根,然后进行封底焊)。 (2) 手工钨极氩弧焊 ① 薄板的板-板对接,V形坡口,平焊或横焊,单面焊双面成形; ② 板-管T形接头,垂直俯位焊; ③ 小直径管对接,V形坡口,转动焊,单面焊双面成形。	80	1. 薄板厚度<6mm; 2. 中厚板厚度10～16mm; 3. 厚板厚度大于24mm; 4. 小直径管的直径22～60mm;

续表

<table>
<tr><th>项目</th><th>鉴定范围</th><th>鉴 定 内 容</th><th>鉴定比重(100)</th><th>备注</th></tr>
<tr><td>操作技能</td><td>基本操作技能</td><td>(3) 二氧化碳气体保护焊
① 薄板或中厚板的板-板对接，V形坡口，平焊或横焊，单面焊双面成形；
② 板-管T形接头，垂直俯位焊；
③ 大直径管对接，U形坡口，水平转动焊，单面焊双面成形。
(4) 埋弧焊
中厚板的板-板对接，I形坡口，不清根的平焊位置双面焊。
(5) 组合焊
(6) 其他方法
① 厚板I形坡口，对接接头，单丝电渣焊；
② 碳弧气刨、钢件或锻件缺陷的焊补；
③ 钢板氧乙炔手工气割、气焊。
3. 焊接缺陷与外观的检查
检查焊缝外观质量；常见的各种焊接缺陷</td><td>80</td><td>5. 大直径管的直径不小于133mm；
6. 根据考试要求确定的时间和有关条件，确定具体的鉴定内容，能按技术要求按时完成者，可得满分</td></tr>
<tr><td rowspan="2">工具设备的使用与维护</td><td>工具的使用与维护</td><td>1. 常用工具的合理使用与保养；
2. 正确使用夹具，做好保养工作</td><td>5</td><td rowspan="2"></td></tr>
<tr><td>设备的使用与维护</td><td>1. 正确使用和维护保养焊接设备；
2. 正确使用和维护保养辅助设备</td><td>5</td></tr>
<tr><td>安全及其他</td><td>安全文明生产</td><td>1. 正确执行安全技术操作规程；
2. 按有关文明生产的规定，做到工作地点整洁，工具摆放整齐</td><td>10</td><td></td></tr>
</table>

中级电焊工知识要求

<table>
<tr><th>项目</th><th>鉴 定 范 围</th><th>鉴 定 内 容</th><th>鉴定比重(100)</th><th>备注</th></tr>
<tr><td rowspan="2">基本知识</td><td>1. 金属学及热处理基础知识</td><td>1. 金属的结构与结晶；
2. 二元合金和 $Fe\text{-}Fe_3C$ 相图的构造及应用知识；
3. 钢热处理的基本理论；
4. 退火、正火和回火时的组织、性能变化及应用知识；
5. 化学热处理的基本原理及应用知识；
6. 金属的塑性变形、纤维组织及其对金属性能的影响</td><td>15</td><td></td></tr>
<tr><td>2. 焊工电工基础知识</td><td>1. 直流电路电动势及全电路欧姆定律；
2. 电位计算及电流的热效应；基尔霍夫定律；
3. 电阻连接的分压和分流；直流电路的计算方法</td><td>5</td><td></td></tr>
</table>

续表

项目	鉴定范围	鉴 定 内 容	鉴定比重(100)	备注
专业知识	焊接电弧及焊接冶金知识	1. 电子发射、电离、焊接电弧的特性及电弧静特性曲线； 2. 焊丝金属的熔化及熔滴过渡； 3. 焊接区内气体(氮、氢、氧)的来源及其影响； 4. 焊缝金属的脱氧、脱硫、脱磷及合金化； 5. 焊接熔池的一次结晶、二次结晶、焊接热循环的含义； 6. 金属晶体的一般知识及焊接接头组织和性能的变化； 7. 合金的组织结构及铁碳合金的基本组织； 8. 静特性曲线的意义，电弧电压和弧长的关系	15	
	焊接工艺及设备知识	1. 气体保护焊(CO_2、Ar)的工艺及设备； 2. 埋弧焊的特点、工艺参数和坡口的基本形式与尺寸； 3. 焊剂的作用、分类和保管，HJ431、HJ350的主要成分； 4. 电渣焊的工艺及设备	15	
	常用金属材料焊接知识	1. 材料的焊接性及估算公式； 2. 低合金钢及耐热钢的焊接性、焊接工艺和方法； 3. 奥氏体不锈钢的焊接性、焊接工艺和方法； 4. 铁素体不锈钢与奥氏体不锈钢； 5. 常用有色金属的焊接性及焊接工艺	20	
	焊接应力和变形知识	1. 焊接应力和变形产生的原因；焊接应力和变形的形式； 2. 控制焊接残余变形的常用工艺措施和矫正方法； 3. 减少焊接残余应力的常用工艺措施和消除方法	10	
	焊接检验知识	1. 焊接接头破坏性检验的方法； 2. 焊接接头非破坏性检验的方法	10	
相关知识	机械加工常识	1. 车削、磨削、刨削常识；切削刀具的名称及几何参数； 2. 机械加工余量的选择知识；机械加工精度的一般概念； 3. 切削用量(进给量、切削速度、背吃刀量)的知识； 4. 变位机械及辅助装置的构造及工作原理	4	
	相关工种工艺知识	1. 气焊常用材料气焊知识，机械气割、特种气割的知识； 2. 一般结构件的装配知识；冷作设备与模具的一般知识	3	
	生产技术管理知识	1. 车间生产管理的基本内容； 2. 专业技术管理的基本内容	3	

中级电焊工技能要求

<table>
<tr><th>项目</th><th>鉴定范围</th><th>鉴定内容</th><th>鉴定比重(100)</th><th>备注</th></tr>
<tr><td>操作技能</td><td>中级操作技能</td><td>1. 焊接材料
按有关技术文件(国家标准、行业标准等)对自用焊接材料(焊条、焊剂,焊丝)进行工艺性试验。
2. 焊接方法
(1) 手弧焊
① 中厚板的板-板对接,V形坡口,横焊或立焊,单面焊双面成形;
② 板-管T形接头,单边V形坡口,骑座式垂直俯位或水平固定位置焊,单面焊双面成形;
③ 大直径管对接,U形坡口,垂直固定焊,单面焊双面成形;
④ 高速钢刀具、热锻模或高压阀门密封面的堆焊;
⑤ 铸铁齿轮箱壳裂纹的焊补。
(2) 埋弧焊
厚板的板-板对接,双面焊。
(3) 等离子弧焊
薄板的板-板或管-管对接,平焊或水平转动焊,单面焊双面成形。
(4) 电渣焊
厚板的板-板对接,I形坡口,单丝或双丝焊。
(5) 组合焊
① 薄板小直径管对接V形坡口,垂直固定位置,手工钨极氩弧焊打底,手弧焊填充、盖面焊接,单面焊双面成形;
② 中厚壁大直径管或小直径薄壁管U形坡口或V形坡口,水平转动位置,手工钨极氩弧焊打底,熔化极气体保护焊填充、盖面焊接,单面焊双面成形</td><td>80</td><td rowspan="3">1. 薄板厚度<6mm;
2. 中厚板厚度10～16mm;
3. 厚板厚度>24mm;
4. 小直径管的直径22～60mm;
5. 大直径管的直径不小于133mm;
6. 根据考试要求确定的时间和有关条件,确定具体的鉴定内容,能按技术要求按时完成者,可得满分</td></tr>
<tr><td rowspan="2">工具设备的使用与维护</td><td>工具的使用与维护</td><td>1. 合理使用工具,并做好保养工作;
2. 正确使用夹具,并做好保养工作</td><td>5</td></tr>
<tr><td>设备的使用与维护</td><td>1. 焊接设备的正确使用、维护保养及常见故障的排除;
2. 常用辅助设备的正确使用及常见故障的排除;
3. 各种定位、装配、夹紧装置的正确使用及改进</td><td>5</td></tr>
<tr><td>安全及其他</td><td>安全文明生产</td><td>1. 正确执行安全技术操作规程;
2. 按有关文明生产的规定,做到工作地点整洁,工具摆放整齐</td><td>10</td><td></td></tr>
</table>

参考文献

[1] 陈祝年. 焊接工程师手册[M]. 北京：机械工业出版社，2012.
[2] 王长忠. 焊接工艺与技能训练[M]. 北京：中国劳动和社会保障出版社，2012.
[3] 许志安. 焊接实训[M]. 北京：机械工业出版社，2012.
[4] 李荣雪. 焊接工艺与枝能训练[M]. 2 版. 北京：高等教育出版社，2015.
[5] 郭颖. 焊接操作技能实用教程[M]. 北京：化学工业出版社，2010.
[6] 陈宝国. 焊接技术[M]. 北京：化学工业出版社，2009.